24
HOUR

天天用的

Office 一百招

林屹 / 著

清华大学出版社
北京

内 容 简 介

本书精选实际工作中经常遇到的 100 个 Office 办公软件操作场景，从 PPT 演示、Excel 表格、Word 文字三方面，用实际案例的方式讲解相关技巧，力求招招实用，让读者一看就懂，一学就会。

相比传统纸质书籍与现在"短平快"的知识短视频，本书比前者更实用，不讲理论，直接讲问题解法；比后者更系统，不求关注，不用与知识本身无关的信息哗众取宠。希望用一本书帮助读者系统、深入地学习 Office 软件的操作技巧，节约读者的时间成本。

全书共 17 篇，包括 PPT 文字设计篇、PPT 图片制作篇、PPT 页面美化篇、PPT 放映设置篇、PPT 操作技能篇、Excel 表格优化篇、Excel 数据处理篇、Excel 数据分析篇、Excel 数据呈现篇、Excel 高效操作篇、Word 文字处理篇、Word 文字排版篇、Word 表格制作篇、Word 神奇功能篇、Word 高效操作篇、Office 通用技巧篇、Office 通用功能篇。

本书适合使用 Office 办公软件的职场人士阅读，也适合作为高等院校各专业学生的教材。

图书在版编目(CIP)数据

天天用的Office一百招 / 林屹著. — 北京：清华大学出版社，2023.3
ISBN 978-7-302-62925-2

Ⅰ．①天… Ⅱ．①林… Ⅲ．①办公自动化－应用软件 Ⅳ．①TP317.1

中国国家版本馆 CIP 数据核字 (2023) 第 036050 号

责任编辑：陈绿春
封面设计：潘国文
责任校对：徐俊伟
责任印制：宋 林

出版发行：清华大学出版社
　　　　　网　　　址：http://www.tup.com.cn, http://www.wqbook.com
　　　　　地　　　址：北京清华大学学研大厦 A 座　　　　　邮　　编：100084
　　　　　社 总 机：010-62770175　　　　　　　　　　邮　　购：010-62786544
　　　　　投稿与读者服务：010-62776969, c-service@tup.tsinghua.edu.cn
　　　　　质 量 反 馈：010-62772015, zhiliang@tup.tsinghua.edu.cn
印 装 者：三河市人民印务有限公司
经 　销：全国新华书店
开　　本：180mm×210mm　　　　印　张：5.833　　　字　数：175 千字
版　　次：2023 年 4 月第 1 版　　印　次：2023 年 4 月第 1 次印刷
定　　价：59.00 元

产品编号：099555-01

几乎所有职场人士都会用Office软件完成一些基本操作，但真正能用好Office软件高效自动办公的人并不多。

所以，本书没有讲那些谁都会的软件操作，如复制粘贴、填充颜色、排序筛选……毕竟这些基础操作方法网上能查到。本书精选大多数人在实际工作中经常遇到的难题，例如，如何将PPT自动排版、快速美化Excel表、不用空格的文字对齐方式等，这些方法有助你真正提升Office软件的工作效率。

本书所讲的Office技巧并不多，我从书稿立项时汇总的几百个技巧中，精选了100个技巧进行展示。选择标准中有一条：这本书所选的知识点，其他书本或课程中没有，但在工作中又非常有用。因此，这100个技巧可谓个个精华，解决的都是实际工作中经常遇到的难题。希望你读完这本书后，能拥有一项"不平等"的优势，相比身边的人，你可以用更快、更好的方法，解决原来困扰你的难题。

学习本书并不难，不需要多么高深的计算机操作知识储备，而是跟随书中详细的图文讲解步骤进行操作，让你一看就懂，上手就用。例如，在Excel操作中，并没有复杂难懂的函数和代码，展示的全是详细分解的操作步骤，目的就是希望你通过简单的操作，完成原本重复、琐碎的工作。

本书也不厚，不需要你从头到尾全部读完，毕竟每个人的工作范围不同，需要使用的软件功能也会不同。你完全可以把它当成一个字典类的工具书，放在办公桌旁，有问题就直接按目录查询，快速找到对应的难题讲解方法。

编写本书采用的软件版本为Office 365，但不同软件版本的功能往往都是通用的，很多操作相同，即使有差异也很小。例如，Office 365的功能几乎通用于Office 2016及以上版本。书中讲述的技巧，使用其他版本的软件基本都可以完成。

本书目前涉及的100个功能都是基于目前能够使用的Office 365的功能，而以后随着AI技术的发展，会有更多的好功能出现。本书篇幅有限，只在知识点14"AI灵感：用人工智能帮你自动设计PPT"中对AI功能进行了介绍，这也是目前普通Office 365用户能够用上的AI功能。但是，随着微软365 Copilot（微软在Office全家桶——Microsoft 365中，融入的OpenAI公司Chat GPT-4技术的"副驾驶"AI助手)的推出,会有更多类似的好功能,用AI帮我们实现自动办公的梦想。

总之,你根本不用担心错过风口, 相信微软公司会将这种跨时代的革命性技术应用在微软用户基数最大的Office软件中。 我们只需要跟随微软, 相信未来一定会有更多更好的功能可以帮到我们。虽然在本书中不做展开介绍,但在后续我们出版的书籍中一定会介绍相关的功能,敬请期待。

可能你会问,为什么是我为你带来这本书?我每年都会去众多企事业单位讲授Office课程,也经常能听到一线工作者在工作中遇到的问题和诉求。我想通过这本书告诉你,有些弯路可以少走,有些坑可以避免。除了通过书本学习,如果你还喜欢通过视频直观地学习其他Office软件使用技能,可以扫描书中相应位置的二维码直接观看,也可以关注我的视频号"从林到屹Excel PPT学院",其中还有很多免费好用的Office软件使用小技巧。

本书从策划立项到成书,特别鸣谢大家的帮助。

感谢本书出版中的编辑和工作人员,感谢大家字斟句酌地将每一处文字打磨润色。

感谢我的太太胡敏和儿子林堇轩,感谢家人给我写作时的照顾。

感谢给我灵感启发,给本书各章节具体案例和破解思路的各位老师和朋友 (排序不分先后):微软亚太的洪小文,金山办公的章庆元,得到APP的罗振宇、唐尧、江传斌、张婷、苏冠爽,麻辣启发社的傅尚勇、李文烽、邱也桐、兰天、罗海洋、郑妮妮、达娃,IDP留学的刘丽,商业策划人冯岩,麦地物联的李承颖,缔趣家的申芮、李兆霖,武汉必然的易丞超,自贡交投的吴夏韵,自贡银行的陈毓,道可拓的马冬冬,中山力朗的向小敏,麻辣即兴的罗丹,TTT老师郭龙,小鹏汽车的王一霆。还有众多给过我帮助和指导的老师和朋友,篇幅所限,在此一并感谢。

最后感谢你! 作为读者花时间阅读本书,期待你的变化。由于作者的能力限制,本书难免出现不足之处,还请读者海涵雅正。

有任何技术性问题,请用微信扫描下面的二维码,联系相关人员进行解决。本书的视频教学文件也可以用微信扫描下面的二维码进行下载。

技术支持

视频教学

林屹

2023年1月

目 录

★ 第一篇 ★

PPT文字设计篇

知识点 01

文字排版：一键快速将大量文字智能排版

容易程度：★★★
实用程度：★★★★★
使用场景：PPT文字排版

扫描观看视频教学

问题隐患部分岗位设备点检工作，不能真实反映设备运行状况，给设备故障与产品质量埋下隐患。
操作不力部分员工为了赶产量、赶任务，试图走捷径，操作过程中未完全执行SOP操作。
改进措施执行生产与设备考核制度，维保人员对关键设备进行跟踪并建立档案，月底纳入考核。
技能提升建立操作人员设备技能档案，进行设备操作与安全隐患知识培训。

如上图所示，如果PPT中的文字太多，也没有层次，而且最关键的是，你并不知道如何将这些文字安排得很好看。拜托，现在都21世纪了，怎么还在使用"回车+空格"的方式手动排版呢？来，我教你一招，让你的文字瞬间智能排版，得到如下图的效果。

是不是好看多了，学会这一招，以后遇到文字排版的工作，你就再也不发愁了。

第1步 复制所有文字，并将它们粘贴到同一个文本框中。

第2步 可以为每段内容增加标题，并通过按Enter键，为标题和正文划分段落。

第3步 在每一处正文前，按一次 Tab 键缩进一级。

专家提示

在 PPT 中进行缩进，建议一般最多设置两级。按 Tab 键时，一级标题按一次，次级内容按两次。

第4步 调整好层级后，在文本框中右击（单击鼠标右键），在弹出的快捷菜单中进入"转换为 SmartArt"子菜单。

第5步 在弹出的子菜单中，选择一个合适的文字排版样式，自动排版就瞬间完成了。

第6步 如果需要更换文字颜色，选中此元素，在"SmartArt 设计"选项卡中，单击"更改颜色"按钮，在弹出的菜单中选择希望使用的颜色组合选项。

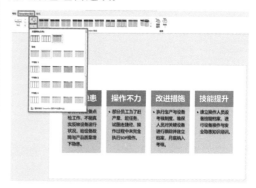

第7步 如果需要更换文字的排版样式，选中此元素，在"SmartArt 设计"选项卡中，选择不同的"SmartArt 样式"选项即可。

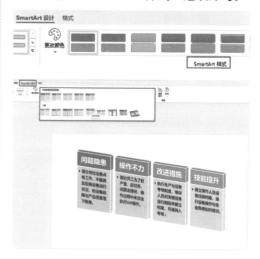

知识点 02

字体全换：PPT所有页面字体一键替换

容易程度：★★★★★
实用程度：★★★★
使用场景：PPT批量更换字体

扫描观看视频教学

你的PPT是不是像上图这样，文字全是宋体？说实话，在PPT中文字全部使用宋体太不美观了，不如换成"微软雅黑"字体吧，而且不需要在全部PPT页面中逐页手动替换。告别加班，在PPT中一键替换所有字体，就用下面这个方法。

第1步 在"开始"选项卡中，单击"替换"下拉按钮，就是"替换"这两个字右侧的向下箭头按钮，在弹出的菜单中选择"替换字体"选项。

第2步 在弹出对话框的"替换"下拉列表中选择"宋体"选项，在"替换为"下拉列表中选择"微软雅黑"选项，单击"替换"按钮。

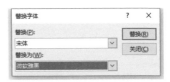

第3步 此时，全部字体替换完成，所有页面中都不再有"宋体"字了，全部变成"微软雅黑"字体。你看，将"宋体"替换成"微软雅黑"后，是不是 PPT 瞬间变得好看了？

第4步 其他字体的替换方式相同，在"替换为"下拉列表中选择不同的字体即可。

知识点 03

嵌入字体：不怕换计算机，文字就变宋体

容易程度：★★★
实用程度：★★★★★
使用场景：更换其他设备播放含有特别字体的PPT

扫描观看视频教学

你做PPT时，可能会用到一些漂亮的特殊字体，但放到别人的计算机上播放时，那些特殊字体竟然都变成了宋体，全无你苦心追求的设计高端感。其实，你可以将幻灯片中的特殊字体嵌入文件中，防止文件转移后的字体丢失，具体的操作步骤如下。

第1步 执行"文件"→"选项"命令。

第2步 在弹出的"PowerPoint 选项"对话框的"保存"选项卡中，选中"将字体嵌入文件"复选框。

第3步 为了减小文件尺寸，建议选中"仅嵌入演示稿中使用的字符（适于减小文件大小）"单选按钮。如果需要在其他计算机上编辑，可以选中"嵌入所有字符（适于其他人编辑）"单选按钮。设置完成后单击"确定"按钮。

知识点 04

放映笔迹：不仅可以标注，还可以签名

容易程度：★★★
实用程度：★★★
使用场景：在放映时备注PPT重点

扫描观看视频教学

你在播放PPT时，有些重点内容需要用笔记标注。于是你拿着激光笔对着屏幕画来画去，因为没有留下任何痕迹，观众可能并没有关注到你讲述的重点。其实，想在播放PPT时，在屏幕上留下笔迹，你可以这样做。

第1步 在 PPT 放映状态下，在屏幕上右击，在弹出的快捷菜单中选择"指针选项"→"笔"选项。

第3步 当你退出播放时，会弹出对话框询问是否保留此墨迹注释，不想保留可以单击"放弃"按钮。

第2步 此时，鼠标指针就变成了一个"小红点"，也就是一支笔，你可以在屏幕上随意画出你想要标注的内容。例如，今天会议的重点工作是"总结"，那么就可以把 PPT 上的"总结"二字圈出。

第4步 若要保留墨迹，可以单击"保留"按钮，此墨迹会保存成"形状"，还可以修改为不同的颜色。例如，脑洞大开的你，可以试着将笔迹做成你的"个性签名"。

文字计数：PPT中也有字数统计功能

容易程度：★★★★★
实用程度：★★★★
使用场景：查看PPT中的字数及其他信息

扫描观看视频教学

你制作完一份PPT，想知道其中一共有多少个字，却发现PPT不像Word那么能直观看出文字的数量。想统计整份PPT中的文字数量，其实很简单，具体的操作步骤如下。

第1步 执行"文件"→"信息"→"显示所有属性"命令。

相关文档

📁 打开文件位置

📝 编辑指向文件的链接

[显示所有属性]

第2步 此时，相关信息，如 PPT 页数、字数等，就会直观地显示出来。

属性 ∨	
大小	192MB
页数	190
隐藏幻灯片张数	1
字数	7910
便笺	7
标题	PowerPoint 演示文稿
标记	添加标记
备注	添加备注

知识点 06

文档转换：让PPT变身Word有妙招

容易程度：★★★
实用程度：★★★★★
使用场景：将PPT文件转换成Word文件

扫描观看视频教学

你想把上图所示的这份多张幻灯片的PPT转换成Word文件，就拼命地复制粘贴。其实，这样做不仅浪费了大量时间，还容易出错。其实，想自动把PPT转换成Word文件，按照下面的方法进行操作非常方便。

第1步 检查幻灯片中的文字内容是否在大纲视图中，方法是：在"视图"选项卡中单击"大纲视图"按钮。

第2步 如果出现下图所示的效果，说明你之前的文字输入是在默认文本框中进行的，可以进行转换操作。

第3步 按F12键，弹出"另存为"对话框，将"保存类型"设置为"大纲/RTF文件"。

第4步 直接用 Word 打开此 RTF 文件，并保存为 doc 格式，即可得到 Word 文件。

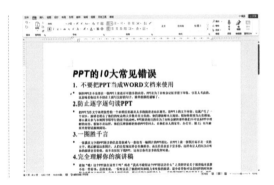

知识点 **07**

插入公式：再也不用插入多个文本框组合了

容易程度：★★★★
实用程度：★★★
使用场景：在PPT中插入公式

扫描观看视频教学

你有在PPT中输入数学公式的经历吗？分子、分母、开方、平方，每次都去网上找各种图标，是不是很麻烦？其实不用，想直接在PPT中插入复杂的数学公式，只需进行这样的操作。

第1步 单击"插入"→"符号"→"公式"下拉按钮。

第2步 在预览公式的下拉列表中，找到需要的公式。

第3步 如果没有找到需要的公式，可以使用

"墨迹公式"功能，进行鼠标手写操作，计算机将自动生成想要的公式。

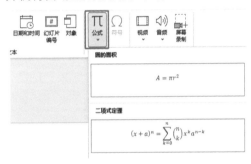

圆的面积

$$A = \pi r^2$$

二项式定理

$$(x + a)^n = \sum_{k=0}^{n} \binom{n}{k} x^k a^{n-k}$$

★ 第二篇 ★

PPT图片制作篇

抠图"三法"：PPT也可以实现抠图操作

容易程度：★★★
实用程度：★★★★★
使用场景：PPT应用无底图片

扫描观看视频教学

你看，上图中的仙人掌图片带有一个紫色背景，如果你只想用图中的仙人掌，是不是必须要用Photoshop等专业图像处理软件来处理呢？其实，在PPT中，要删除图片中不需要的部分，你可以试试以下几种方法。

方法一：删除背景（抠图）法

第1步 插入图片并选中，在工具栏中选择"图片格式"选项卡，单击最左侧的"删除背景"按钮。

第2步 根据具体图片单击"标记要保留的区域"或"标记要删除的区域"按钮，完成后，按 Esc 键完成抠图。

专家提示

Word 软件同样可以使用此法抠图，具体操作步骤相同。

方法二：设置透明色

若图片背景颜色单一，可使用此功能。

第1步 插入图片并选中，在工具栏中选择"图片格式"选项卡，单击"颜色"按钮，在弹出的下拉列表中选择"设置透明色"选项。

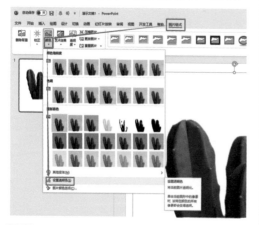

第2步 此时，鼠标指针会变成颜色吸管图标，在图片背景中单击，会将图片的背景色删除。

方法三：免费抠图网站

如果你还是嫌麻烦，推荐使用免费抠图网站（https://www.remove.bg/zh）的服务进行操作，具体的操作步骤在此不再赘述。

图片背景消除
100% 全自动且免费

知识点 09

变形更改：PPT中的形状随意变形

容易程度：★★★
实用程度：★★★
使用场景：PPT中修改形状

扫描观看视频教学

你的PPT中有一个正方形，如果感觉这一页搭配正方形不好看，想换成圆形，此时，你是不是需要删除正方形，然后重新画圆形呢？其实，完全不需要这样的操作。让正方形快速变成圆形，只需要简单的操作。

第1步 选中形状。

第2步 依次单击"形状格式"→"编辑形状"→"更改形状"按钮。

第3步 在弹出的列表中选中圆形选项。

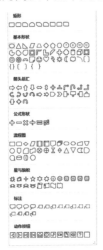

此时，原来的正方形就变成了新选择的圆形。

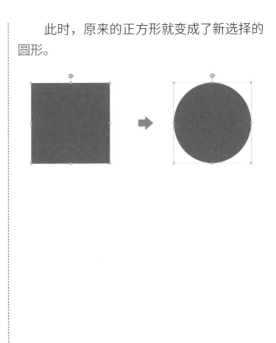

快速截图：屏幕截图给你多一个选择

容易程度：★★★★★
实用程度：★★★★
使用场景：在PPT中使用截图

扫描观看视频教学

　　你常用屏幕截图吗？是不是每次截图都要登录微信或者QQ？现在让你多一种截图的选择，是的，就是PPT。在PPT中使用截图功能，只需要执行这样的操作。

第1步 单击"插入"→"图像"→"屏幕截图"按钮。

第2步 如果有视窗打开，直接单击"可用的视窗"中的预览图。

第3步 如果需要自定义截屏，单击"屏幕剪辑"按钮。在截屏时，PowerPoint 会自动最小化，以方便你截取其他屏幕区域。

完成截图后不需要操作，图片将自动出现在你的幻灯片中，省去粘贴的操作，非常方便。

此功能在Word软件中同样适用，操作方法相同。

知识点 11

批量插图：一个被名字耽误的好功能

容易程度：★★★
实用程度：★★★★★
使用场景：将多张图片同时插入PPT

扫描观看视频教学

你需要把多张图片分别插入PPT的每一页幻灯片中。如果采用复制粘贴、逐张插入的方法就太麻烦了。想在PPT中批量、快速地将图片插入每一页中，可以使用"相册"功能。别被它的名字影响，这可不是手机上那种一键制作"有声相册"的娱乐功能，当需要在PPT中插入图片时，都可以使用这个功能进行操作，具体的操作步骤如下。

第1步 单击"插入"→"相册"按钮。

第2步 在弹出的对话框中,单击"文件/磁盘"按钮,添加图片文件夹,被添加的文件夹中的所有图片将出现在"相册中的图片"框中。

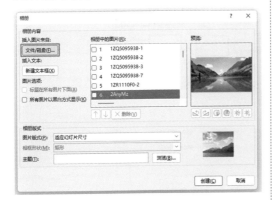

第4步 单击"创建"按钮,将自动生成一份新的 PPT,每张幻灯片有 4 张自动排列整齐的图片。

第3步 在对话框下方的"图片版式"下拉列表中,可以选择一页幻灯片放入几张图片,例如,选择"4 张图片"选项,通过右下角的预览图可以看到,4 张图片可以自动地均匀分布在幻灯片中。

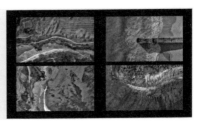

知识点 12

图片提取:一网打尽PPT中的所有图片

容易程度:★
实用程度:★★★★★
使用场景:将PPT中所有图片同时提取保存

扫描观看视频教学

你看到一个PPT中的图片很好看,于是想把每一张图片都保存下来。无奈这个PPT中图片过多，一张张保存太浪费时间。你想快速收集整个PPT中的图片，其实可以这样做。

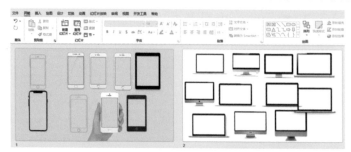

第1步 确保你的计算机中安装了解压软件，如 Winzip、Winrar、360 压缩、好压等。

第2步 将 Windows 文件夹设置为显示"文件扩展名"（各版本操作系统的操作略有不同，具体根据实际情况查找并开启此功能）。

第3步 为了安全起见，复制一份 PPT 文件。

第4步 将新复制的文件重命名，把文件扩展名 .ppt 或 .pptx 修改为 .zip 或 .rar。这一步是将 PPT 格式文件变成压缩格式文件。

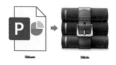

第5步 完成重命名后，在弹出的对话框中，单击"是"按钮。

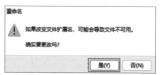

第6步 此时，PPT 文件变成了压缩文件。右击该文件，在弹出的快捷菜单中选择"解压到当前文件夹"选项，将压缩文件解压。

第7步 解压后进入 ppt\media 文件夹，所有图片文件就都在这个文件夹中了。

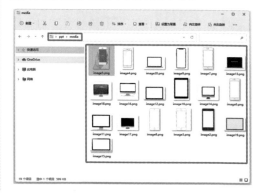

知识点 13

导出成图：把PPT变成一张张图片

容易程度：★★★
实用程度：★★★★★
使用场景：将PPT转为图片文件发送

扫描观看视频教学

你发给别人的PPT文件的效果，总是和在你计算机上显示的效果不一样，或者你总是怕别人修改你的PPT。此时，你可以把PPT变成图片文件，既方便又准确。

第1步 执行"文件"→"另存为"命令，也可以按 F12 键，执行"另存为"命令。

第2步 在弹出的对话框中，将"文件类型"修改为"JPEG 文件交换格式"。

第3步 单击"确定"按钮，在弹出的对话框中，单击"所有幻灯片"按钮，此时，PPT 中的每一页都会以图片格式保存。若仅导出一张图片，则单击"仅当前幻灯片"按钮。

★ 第三篇 ★

PPT页面美化篇

知识点 14

AI灵感：用人工智能帮你自动设计PPT

容易程度：★★★★★
实用程度：★★★★★
使用场景：将PPT快速美化

扫描观看视频教学

你知道吗？如果你制作的PPT页面不好看，就去拼命地找模板套用，这样做往往费时费力，还做不出一模一样的效果。你在想，要是有一个人工智能计算机，懂你的想法，根据现有素材就能自动帮你设计出一个好看的页面，那该多好啊。其实，这个功能已经有了，可以通过人工智能瞬间把页面美化，例如面对下图所示的幻灯片，你可以这样做。

第1步 单击"开始"→"设计器"→"设计灵感"按钮。

第2步 此时，计算机会根据你提供的素材，在屏幕右侧的"设计理念"窗口中，自动展示人工智能帮你设计的样式。

第3步 选择一个你觉得好看的样式，页面瞬间被美化。

该功能目前只有Office 365可用，虽然功能并不完美，但看到这样的人工智能效果，我们有理由相信，在未来，一键制作美观的PPT的功能一定会实现。

知识点 15

个性默认：按要求新建文本框或形状

容易程度：★★★★
实用程度：★★★★★
使用场景：在PPT中定义新建文本框或形状的样式

扫描观看视频教学

在制作PPT时，你会发现每次在插入的文本框中输入的文字都是PPT默认的黑色、宋体、22号字、居左对齐的效果，将其修改为想要的文本效果，例如，使用蓝色、微软雅黑、28号字、居中对齐，非常浪费时间，而且操作烦琐。

默认的文本框

你希望的效果

其实，你可以让每次新插入的文本框直接使用需要的格式，而且方法非常简单。

在完成效果设置的文本框上右击，在弹出的快捷菜单中选择"设置为默认文本框"选项。

编辑替换文字(A)…
设置为默认文本框(D)
大小和位置(Z)…
设置形状格式(O)…
新建批注(M)

下次再插入文本框时，软件就会自动采用之前设置好的文字样式。

这个方法对于设置插入默认形状同样适用，只需在设置好样式的形状上右击，在弹出的快捷菜单中选择"设置为默认形状"选项即可。

编辑替换文字(A)…
设置为默认形状(D)
大小和位置(Z)…
设置形状格式(O)…

精准取色：原来取色如此简单方便

容易程度：★★★★
实用程度：★★★★★
使用场景：设置非预设颜色

扫描观看视频教学

如果你想将上图所示的幻灯片中圆形的颜色，修改为图片中的蓝色，作为PPT的突出色。但是，在PPT色板中找来找去，还是找不到相同的颜色。其实，想选取同一种颜色的操作非常简单，具体的操作步骤如下。

第1步 选中圆形，单击"形状格式"→"形状填充"→"取色器"按钮。

第2步 此时，鼠标指针会变成"取色器吸管"的样式，将鼠标指针放在需要的颜色上并单击，即可完成取色的操作。

知识点 17

黑白效果：检查PPT中的颜色是否太多

容易程度：★★★★★
实用程度：★★★
使用场景：将PPT快速去色

扫描观看视频教学

同事帮你做一份PPT，打开一看，五颜六色，眼花缭乱。你心想这也太丑了吧，哪怕黑白效果都比现在的好，但一张张地调整颜色会非常麻烦且费时。其实，想快速把整份PPT变成黑白效果，你可以这样操作。

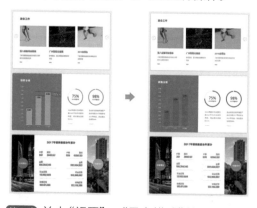

第1步 单击"视图"→"黑白模式"按钮，此时，

PPT中的所有幻灯片将呈现黑白效果。

第2步 要想还原为彩色效果，只需要单击"黑白模式"→"返回颜色视图"按钮即可。

专家提示

此功能仅针对编辑模式有效，若在放映时，幻灯片将自动还原为彩色模式。

★ 第四篇 ★

PPT放映设置篇

知识点 18

自动播放：为PPT设置自动翻页

容易程度：★★★
实用程度：★★★★★
使用场景：无翻页笔时自动翻页

扫播观看视频教学

　　PPT的有些页面，要求快速翻页，于是你多按了几下翻页笔中的快速翻页按钮，一不小心翻过了，是不是很尴尬。要想让PPT中有些页面能自动翻页，其实不用这么麻烦，你可以这样做。

第1步 来到需要快速翻页的幻灯片页面。单击"切换"→"计时"→"换片方式"按钮。

第2步 在弹出的对话框中选中"设置自动换片时间："复选框，并将换片时间设置为相应的时间，如1秒，就代表这个幻灯片页面会在展示1秒后自动换到下一页。

```
换片方式
☑ 单击鼠标时
☑ 设置自动换片时间: 00:01.00 ⇕
计时
```

第3步 如果需要将每一页幻灯片都设置成自动换片的效果，可以单击"计时"选项区中的"应用到全部"按钮。

```
◁)) 声音: [无声音] ▾        换片方式
⏱ 持续时间(D): 02.00 ⇕     ☑ 单击鼠标时
🔁 应用到全部             ☑ 设置自动换片时间: 00:01.00 ⇕
                                  计时
```

第4步 如果需要将设置了自动换片效果的PPT取消自动换片，只需取消选中"设置自动换片时间："复选框，再单击"应用到全部"按钮即可。

知识点 19

有声读物：给PPT配上声音吧

容易程度：★★★
实用程度：★★★
使用场景：分享人不在场的PPT分享

扫描观看视频教学

当你想把做好的PPT文件发给别人时，如果能将你对PPT的解读添加到文档中，这样别人打开该PPT时，不仅能看到PPT页面，还可以边听你对PPT页面内容的解读，是不是非常实用？想在PPT中加入你的解读（配音讲解），你可以这样做。

第1步 单击"插入"→"音频"→"录制音频"按钮。

第2步 在弹出的"录制声音"对话框中，为即将录制的音频命名。

第3步 单击"录音"按钮（红色小圆圈），开始录音。

第4步 当录制完成后，幻灯片中会出现音频文件。

第5步 此音频文件在播放 PPT 时，可以通过单击进行播放。

第6步 如果需要自动播放，并隐藏喇叭图标，可以选中喇叭图标，单击"播放"→"在后台播放"按钮。

知识点 20

循环播放：让PPT自动播放

容易程度：★★★★★
实用程度：★★★★
使用场景：不用人为干涉，循环播放PPT

扫描观看视频教学

想循环播放一个三页的PPT文件，可是每次播放完毕，PPT就会黑屏并退出，又要重新单击播放非常麻烦。想让PPT自动循环播放，其实你可以这样做。

第1步 先将所有幻灯片设置为"自动换片"（具体操作方法详见"知识点18　自动播放：为 PPT 设置自动翻页"）。

第2步 单击"幻灯片放映"→"设置幻灯片放映"按钮。

第3步 在弹出的"设置放映方式"对话框中，选中"在展台浏览（全屏幕）"单选按钮，单击"确定"按钮即可。

缩放定位：堪比大片的播放切换效果

容易程度：★★
实用程度：★★★★★
使用场景：非正常顺序反复播放PPT

扫描观看视频教学

在播放PPT时，如果不想按照正常顺序播放，例如放完第3页，又需要回到第1页，接下来又要跳到第4页，你会怎么做呢？是不是用鼠标来点去地放映，或者退出后再重新播放。其实大可不必如此费力，你可以使用神奇的"缩放定位"功能，按非正常顺序反复播放PPT，具体的操作步骤如下。

第1步 单击"插入"→"缩放定位"→"摘要缩放定位"按钮。

第2步 在弹出的"插入摘要缩放定位"对话框中，选中需要播放的幻灯片，这里全部选中，单击"插入"按钮。

第3步 此时，幻灯片第一页的位置，将自动出现一个名为"摘要部分"的幻灯片，其中出现了刚刚插入的 4 张幻灯片预览图。

第4步 在播放状态下，这一页就是你的导航页，可以通过单击预览图，快速跳转到相关页面。再次单击，则会回到导航页，操作起来非常方便！

知识点 22

辅助放映：放映PPT必备的三套"键"

容易程度：★★★★★
实用程度：★★★★★
使用场景：播放PPT时直接用键盘操作

　　在展示PPT时，经常会涉及跨页的操作，于是你快速翻页，跳过一张张不需要的幻灯片。你知道吗？观众会被你快速翻页的操作感到疑惑——"什么意思？这几页为什么这么快翻过？难道有什么问题吗？"其实，有几个快捷键能帮你从容应对PPT播放，一定记好哦。

快速定位：数字键+Enter键

　　在PPT播放状态下，想快速翻到哪一页，只需按下对应的数字键+Enter键。例如要翻到第8页，就直接按8+Enter键；若要翻到第28页，依次按下2+8+Enter键即可。

屏幕黑屏：B键

　　在PPT播放状态下，想要快速黑屏显示，直接按B键即可。

屏幕白屏：W键

　　在PPT播放状态下，想要快速白屏显示，直接按W键即可。

知识点 23

一份多用：按照不同顺序播放幻灯片

容易程度：★★
实用程度：★★★★
使用场景：在不同场景或不同人使用同一份PPT

扫描观看视频教学

一般情况下，公司介绍PPT是一套已经完成的标准文件，但是每次在不同场合播放该文件时，由于观众不同，PPT播放的内容侧重点也不同。于是每次展示时会选取不同页面，例如只想展示第2、4、6页，需要重做一份PPT吗？其实，大可不必。在不同场合，同一份PPT的放映顺序是可以不同的。你只需在PPT中设置自定义的放映方式即可，具体的操作步骤如下。

第1步 单击"幻灯片放映"→"自定义幻灯片放映"→"自定义放映"按钮。

第2步 在弹出的"自定义放映"对话框中，单击"新建"按钮。

第3步 在弹出的"定义自定义放映"对话框中，幻灯片放映名称默认为"自定义放映1"，可以将此幻灯片放映方式重命名。

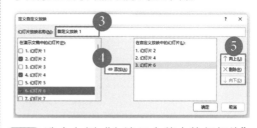

第4步 选中左侧"在演示文稿中的幻灯片"列表中需要的那些幻灯片，然后单击"添加"按钮，将选中的幻灯片添加到右侧的"在自定义放映中的幻灯片"列表中。

第5步 右侧"在自定义放映中的幻灯片"列表中的幻灯片的播放顺序也是可以调整的，只需选中相应的幻灯片单击"向上"或"向下"按钮，进行调整即可。

第6步 完成设置后，如果要按照自定义的顺序播放幻灯片，只需单击"幻灯片放映"→"自定义幻灯片放映"→"自定义放映 1"（自定义放映的名称）按钮，即可按照之前设定

的顺序进行播放。

知识点 24

快捷预览：边做边放其实效率最低

容易程度：★★★★★
实用程度：★★★★
使用场景：预览PPT效果

扫描观看视频教学

你是否喜欢在做PPT的时候，做好一页，播放一页，仔细欣赏它？是不是被我说中了？其实不只是你，很多人做PPT时，要求每一页都完美，才肯继续做下一页。于是每页都反复预览，非常浪费时间。其实，想快速预览幻灯片的播放效果，可以这样做。

第1步 按住 Alt 键，单击 PowerPoint 软件右下角的"幻灯片放映"按钮。

第2步 此时，屏幕左上角就会出现一片区域，即幻灯片实际播放的效果，方便预览查看。

Alt+幻灯片放映=预览

知识点 25

静态效果：没有动画效果也可以是好PPT

容易程度： ★★★★★
实用程度： ★★★
使用场景： 取消所有动画效果直接展示PPT

扫描观看视频教学

你做了一个PPT，其中设置了很多动画效果，但上司说，不想看飞来飞去的动画，于是你只能逐页删除动画效果。结果第二天老板又说，有点儿动画效果显得活泼，于是你又逐页地添加动画效果。其实不用将动画效果删除，只需在放映时取消显示动画效果即可，具体的操作步骤如下。

第1步 单击"幻灯片放映"→"设置幻灯片放映"按钮。

第2步 在弹出的对话框中，选中"放映时不加动画"复选框即可。如果需要恢复显示动画效果，只需取消选中该复选框即可。

★ 第五篇 ★

PPT操作技能篇

知识点 26

窗格视图：一页幻灯片中多元素准确选中

容易程度：★★★
实用程度：★★★★
使用场景：PPT中多元素的快速选取

一页幻灯片中如果元素太多，放在下层的元素就不好选中，总是需要将上层的元素移开才能选中。

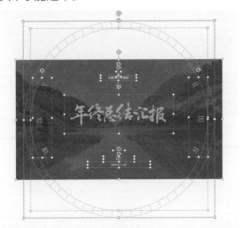

如上图所示，你要选中下层图形，就需要将上层文字移开才能操作。其实，你可以这样操作，非常方便快捷。

方法一：窗格可视法

第1步 单击"开始"→"选择"→"选择窗格"按钮，或者按快捷键 Alt+F10。

第2步 此时，屏幕右侧会弹出"窗格视图"。该视图中展示的就是页面中的所有元素，视图从上至下排列，也是元素对应的从上至下的层级。

第3步 直接在这里选中相关的元素。

方法二：Tab键选择大法

第1步 选中幻灯片中任意一个元素，按 Tab 键会自动选中该元素下一层的另一个元素，多按几次 Tab 键，就会不断循环选中不同的元素。

第2步 选中幻灯片中任意一个元素，按快捷键 Shift+Tab，选中该元素上一层的另一个元素。

知识点 27

快速复制：PPT中的"重用"幻灯片

容易程度：★★★
实用程度：★★★★
使用场景：使用其他PPT的页面

在制作PPT时，经常会用到其他PPT文件中的内容。于是就要打开之前的多份PPT文件，并不断在其中查找、复制、粘贴。结果好不容易粘贴到新的幻灯片上，原来的幻灯片格式却变了。其实，复制、粘贴其他PPT的内容不用这么麻烦，想快速将多份PPT重组使用，你可以这样操作。

第1步 单击"开始"→"重用幻灯片"按钮。

第2步 弹出"重用幻灯片"对话框，单击"浏览"按钮。

第3步 在弹出的对话框中，找到需要复制的PPT页面。

第4步 此时，右侧对话框中显示的是那份PPT的每一页内容。

第5步 如果需要将原来的 PPT 页面原样复制过来，需要选中"使用源格式"复选框。

第6步 单击需要复制的幻灯片，即可自动插入新的 PPT 中。

知识点 **28**

文件瘦身：不影响图片效果的文件压缩法

容易程度：★★★
实用程度：★★★★★
使用场景： 压缩大文件、多图片PPT

你准备把一份PPT发送给别人，但发现文件竟然有几百兆字节。这么大如何发送呀？于是检查PPT页面，也没有多少页，也没有什么大的视频素材啊！其实，这是因为PPT中的图片素材过大。要知道，一般从手机或者相机导出的原始图片都比较大，在PPT展示时需要压缩。想要不影响图片效果，又很有效地压缩PPT文件尺寸，其实很简单，具体的操作步骤如下。

第1步 选中需要压缩的图片。

第2步 单击"图片格式"→"压缩图片"按钮。

第3步 若要删除图片的裁剪区域，在弹出的"压缩图片"对话框中，选中"删除图片的裁剪区域"复选框。

第4步 若要同时压缩 PPT 文档中的所有图片，取消选中"仅应用于此图片"复选框。

第5步 将分辨率设置为"Web（150 ppi）：适用于网页和投影仪"或者更低，这样的分辨率可以保证图片既不模糊，又不会太大，设置完成后，单击"确定"按钮。

知识点 29

创建章节：多张幻灯片分组使用

容易程度：★★★★
实用程度：★★★★
使用场景：将多张PPT分组使用

一份PPT中有很多张幻灯片，你想把其中多张幻灯片同时选中或移动，例如把2-1到2-5的幻灯片放在最后。

1-1	1-2	1-3	1-4	2-1
2-2	2-3	2-4	2-5	3-1
3-2	3-3	3-4	3-5	3-6

如果逐页选择过于烦琐，其实要将多张幻灯片一次性分组"打包带走"，你可以这样操作。

 一个幻灯片组在 PPT 中称为"节"，

它是由前后两个节点确定的。先建立前节，选择需要分节的两张幻灯片，这里选择 1-4 页和 2-1 页，右击并在弹出的快捷菜单中选择"新增节"选项。

 在弹出的"重命名节"对话框中，修改节的名称，例如"第 2 节"。

第3步 建立节后，选择需要分节的首尾两张幻灯片，这里选择 2-5 页和 3-1 页，右击并在弹出的快捷菜单中选择"新增节"选项。

第4步 在弹出的"重命名节"对话框中，修改节的名称，例如"第 3 节"，单击"重命名"按钮，幻灯片就按节分组了。

第5步 为了方便移动，可以进入幻灯片浏览视图，查看幻灯片的分组情况。

第6步 如果希望将"第 2 节"中的所有幻灯片一起移至最后，只需拖动"第 2 节"的节标签，即可快捷实现批量移动操作。

知识点 **30**

隐藏设置：不是所有幻灯片都需要展示

容易程度： ★★★★
实用程度： ★★★★★
使用场景： 不需要展示某张幻灯片或不打印某张幻灯片

在展示PPT时，如果有几页幻灯片不想展示，或者打印的时候有几页幻灯片不想打印出来，其实不用专门把它们删掉。想隐藏某些幻灯片，还想不打印它们，你可以这样做。

第1步 选中你需要隐藏的幻灯片，例如第 1
页和第 3 页，右击并在弹出的快捷菜单中选
择"隐藏幻灯片"选项，此时第 1 页和第 3
页幻灯片就被隐藏了，播放时不会出现。

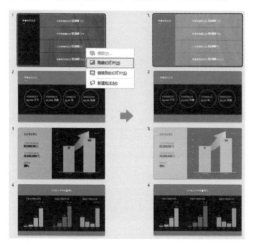

第2步 如果需要在打印时不打印隐藏的幻灯
片，你可以取消选中"开始"→"打印"→"打

印全部幻灯片"→"打印隐藏幻灯片"复选框。

第3步 如果希望恢复原始效果，只需要在隐
藏的幻灯片上右击，在弹出的快捷菜单中选
择"隐藏幻灯片"选项，即可恢复未隐藏的
状态。

★ 第六篇 ★

Excel 表格优化篇

知识点 31

颜值爆表：一键完成表格美容

容易程度：★★★★★
实用程度：★★★★★
使用场景：将Excel数据表格变成隔行填充效果

在Excel中，你制作的表格颜值高吗？你可能会说，表不是用来记录数据的吗？要那么好看干什么？其实如果表格都是白底黑字，看表的人（包括你自己）就很容易出现视觉疲劳、看错数据的情况。

	A	B	C
1	数量	单价	金额
2	317	12	3804
3	463	11	5093
4	205	19	3895
5	169	13	2197
6	321	12	3852

其实，你并不是拒绝好看的表格，而是要把表格做好看实在太烦琐了。那我就来教你一招，将普通表格瞬间变成"颜值爆表"，操作起来非常简单。

第1步 选中表格数据区域。

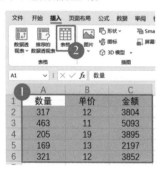

第2步 单击"插入"→"表格"按钮。表格中若有标题行，就在弹出的"创建表"对话框中选中"表包含标题"复选框，单击"确定"按钮。

第3步 此时，表格立刻变成一张隔行填充的表格，更加利于查看。

	A	B	C
1	数量	单价	金额
2	317	12	3804
3	463	11	5093
4	205	19	3895
5	169	13	2197
6	321	12	3852

第4步 当然，还可以设置更多不同的填充效果。选中此表后，在"表设计"→"表格样式"下拉列表中有很多样式供你随意选择。

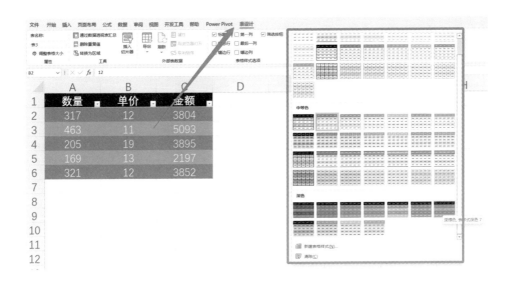

知识点 **32**

横竖转换：听说"表哥"很横，给我竖起来

容易程度：★★★
实用程度：★★★★
使用场景：Excel中需要将列或行转置时

扫描观看视频教学

　　一张Excel表是横向的，你没有发现有什么不方便的地方吗？在我看来，横表不利于查看数据，更不利于打印。

	A	B	C	D	E	F	G	H	I
1	单价	1000	1500	2000	2500	3000	3500	4000	4500
2	数量	10	20	30	40	50	60	70	80
3									

想把表格旋转90°，横表变竖表或者竖表变横表，可以这样操作。

第1步 先复制表格中需要横竖转换的区域。

第2步 在需要旋转表格的新位置的第一个单元格处右击，在弹出的快捷菜单中选择"选择性粘贴"选项，在弹出的对话框中选中"转置"复选框。

第3步 单击"确定"按钮后，表格区域就会完成横竖调整。

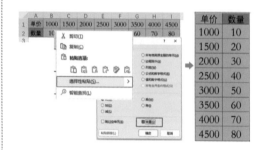

单价	数量
1000	10
1500	20
2000	30
2500	40
3000	50
3500	60
4000	70
4500	80

如果需要将竖表旋转成横表，"转置"功能同样适用。

知识点 **33**

空白零值：据说这是强迫症患者的福音

容易程度：★★★★
实用程度：★★★
使用场景：将Excel表格中的0值隐藏

扫描观看视频教学

在制作Excel表格时，你一定不喜欢看到密密麻麻的0，其实不只是你，大家看到这么多0也很容易产生视觉疲劳，导致看错表格中的数据。

	A	B	C	D	E	F	G	H
1	单价	数量	单价	数量	单价	数量	单价	数量
2	0.00	0.00	1000.00	10.00	0.00	0.00	0.00	0.00
3	4000.00	70.00	1500.00	20.00	0.00	0.00	1500.00	20.00
4	0.00	0.00	2000.00	30.00	0.00	0.00	2000.00	30.00
5	1500.00	20.00	2500.00	40.00	4000.00	70.00	0.00	0.00
6	2000.00	30.00	3000.00	50.00	0.00	0.00	4000.00	70.00
7	0.00	0.00	3500.00	60.00	1500.00	20.00	0.00	0.00
8	0.00	0.00	4000.00	70.00	2000.00	30.00	0.00	0.00
9	0.00	0.00	4500.00	80.00	0.00	0.00	4000.00	70.00

其实，可以将所有是0的单元格中的文字填充成白色，这样就看不见0了，可是这样也容易忽视其他有价值的信息了。何必这么麻烦，不想看到带0的单元格可以这么办。

第1步 执行"文件"→"选项"命令，在弹出的"Excel选项"对话框中选择"高级"选项卡，找到"此工作表显示选项"选项组，取消选中"在具有零值的单元格中显示零"复选框。

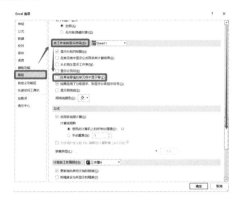

第2步 此时，工作表中所有为0的单元格将会显示为空值，看起来不再眼花缭乱。

	A	B	C	D	E	F	G	H
1	单价	数量	单价	数量	单价	数量	单价	数量
2			1000.00	10.00				
3	4000.00	70.00	1500.00	20.00			1500.00	20.00
4			2000.00	30.00			2000.00	30.00
5	1500.00	20.00	2500.00	40.00	4000.00	70.00		
6	2000.00	30.00	3000.00	50.00			4000.00	70.00
7			3500.00	60.00	1500.00	20.00		
8			4000.00	70.00	2000.00	30.00		
9			4500.00	80.00			4000.00	70.00

专家提示

这个功能设置只针对于当前工作表有效，不会影响其他 Excel 表格，所以，可以放心使用。

★ 第七篇 ★

Excel数据处理篇

知识点 34

所见即所得：筛选后选择多行时不受影响

容易程度：★★★
实用程度：★★★★
使用场景：Excel复制、粘贴带有隐藏区域的数据

扫描观看视频教学

你有这样的痛点吗？在制作Excel表格时，已经复制了3行数据，结果粘贴时，数据多出了7行，觉得好奇怪，以往都没问题，再重新尝试，发现还是不行。

	A	
1	数据A	1.56237
2	1.56237	2.43763
3	2.43763	2.87527
8	4.62581	3.3129
9	5.06344	3.75054
		4.18817
		4.62581

我来告诉你原因，这是因为在复制的区域中，包含了隐藏行，所以在粘贴时，软件将以往隐藏的部分也显示出来了。只想选中显示的行，你可以这样操作。

第1步 选中筛选后的数据，例如2、3、8行的数据。

第2步 按快捷键 Alt+；只选中可见单元格的数据。

第3步 进行复制、粘贴操作，此时，粘贴的就是所见即所得的效果。

知识点 35

数据摘帽：一键完成整列数据"清洗"

容易程度：	★★★
实用程度：	★★★★★
使用场景：	将Excel中的数据"清洗"为正确的格式

扫描观看视频教学

在Excel中，有一串数据却不能进行求和，仔细一看，原来这些数据的左上角都有一个绿色三角形图标。

其实，有绿色三角形图标的数据可不是真正的数值，它们是文本型数字，不能直接进行计算，大多数从系统中导出的数据都会出现这样的情况。想从根本上解决数据不能求和的问题，把绿色三角形图标的数据转换成真正数值，你可以这样做。

第1步 单击列标数据，选中一整列。

第2步 单击"数据"→"分列"按钮。

第3步 在弹出的对话框中，单击"完成"按钮。

此时，所有文本型数字就变成可以计算的数值型数据了，这样就可以对数据进行计算了。

两列差异：快速查找两列数据的差异

容易程度：★★★★
实用程度：★★★★
使用场景：Excel中相同行数的两列数据查询差异

扫描观看视频教学

在Excel中，你有两列相同行数的数据，想找出有差异的数据，于是先排序，从小到大逐一对比。差异不多问题还不大，要是差异多了，这种操作那就会非常耗时。想要快速查找两列数据的差异，你可以这样做。

	A	B
1	1	1
2	2	2
3	4	4
4	3	4
5	4.5	4.5
6	5.3	5.3
7	6.1	6.1
8	6.9	6.9
9	7.7	7.7
10	8.5	9
11	9.3	9.3
12	10.1	10.1
13	10.9	10.9
14	11.7	11.7
15	12.5	12.5
16	13.3	13.3

选中两列数据，按快捷键Ctrl+\。此时，Excel会以行为单位，将两列中有差异的数值标记出来。

	A	B
1	1	1
2	2	2
3	4	4
4	3	4
5	4.5	4.5
6	5.3	5.3
7	6.1	6.1
8	6.9	6.9
9	7.7	7.7
10	8.5	9
11	9.3	9.3
12	10.1	10.1
13	10.9	10.9

知识点 37

快速对表：核对两张表格的极好方法

容易程度：★★
实用程度：★★★★
使用场景：在不同工作表区域中对比数据

扫描观看视频教学

你遇到过下面这种情况吗？你需要核对两份看似相同的Excel表格，找出其中的差异，如下图所示。由于数据都不在一列上，所以无法排序，于是只能将两张表格中的单元格逐一核对。

数据不多还好，要是数据量较大，估计你又要加班了。想快速核对两张表格的差异，你可以试试下面这个方法。

第1步 复制左侧工作表的所有数据（不需要选中表头）。

第2步 在右侧工作表中，选中第一个单元格，这里选中 A2 单元格。右击，在弹出的快捷菜单中选择"选择性粘贴"选项。

第3步 在弹出的对话框的"运算"选项区域中选中"减"单选按钮，其目的就是将刚刚复制的右侧表格中的数据与左侧表格中的数

据进行差异对比。

此时，如果两张表格中的数据相同，就会显示0值，如果不同，就是两张表格有差异的地方。采用这样的方法查找数据差异，快速有效。

知识点 38

内容合并：单元格合并不能实现的内容合并

容易程度：★★★
实用程度：★★★★
使用场景：合并单元格内容

扫描观看视频教学

在Excel中，想把十个单元格的内容合并在一个单元格中，使用"合并单元格"功能好像只保留了第一个单元格的内容，难道单元格合并就只能手动逐个复制粘贴吗？其实，把多个单元格的内容放入一个单元格中，你可以这样做。

第1步 把列宽调整到合适的宽度。

专家提示

列宽一定要调整得足够宽，以便能够容纳合并后的所有内容。

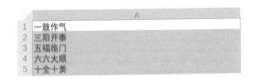

第2步 选取需要合并的单元格区域，执行"开始"→"填充"→"内容重排"命令。此时，所有单元格的内容会重新排列在第一个单元格中，合并完成。

专家提示

在有的软件版本中，"内容重排"命令会被翻译为"两端对齐"。

知识点　39

内容拆分：数据分列太麻烦，内容拆分用这招

容易程度：★★★
实用程度：★★★★
使用场景：拆分单元格内容

扫描观看视频教学

想把Excel表格中一个单元格的内容放入多个单元格中，于是手动逐个复制粘贴，或者使用数据分列功能完成。其实不必这么麻烦，想快速将一个单元格的内容放入多个单元格中，可以这样做。

第1步 把列宽调整到合适的宽度，最好刚刚可以容纳一个单元格的内容。

第2步 选取需要拆分的单元格，执行"开始"→"填充"→"内容重排"命令。在弹出的对话框中，单击"确定"按钮，此时，所有单元格的内容会重新排列在这一列的单元格中，拆分完成。

在有的软件版本中，"内容重排"命令会被翻译为"两端对齐"。

知识点 40

速变整数：数据后面不保留小数用这招

容易程度：★★★
实用程度：★★★★★
使用场景：表格中省略小数点后面的数值

扫描观看视频教学

在Excel表格中，需要将一列数据只保留整数，于是你用各种函数，例如，ROUND、INT、TUNC等，或者设置单元格格式的方法来设置。其实不用这么麻烦，想快速保留整数还不用公式，你可以这样做。

第1步 选中数据列，按快捷键 Ctrl+H，弹出"查找和替换"对话框。

第2步 在"查找内容"文本框中输入 .*，单击"全部替换"按钮。

此时，所有数据中，小数点后面的数据全部消失，只保留整数部分。

知识点 41

年月填充：填充日期的最快方法

容易程度：★★★★
实用程度：★★★★★
使用场景：表格中使用日期格式填充

扫描观看视频教学

在Excel表格中，需要按月、年或工作日输入日期序列时，你试着用MONTH或YEAR函数实现，其实可以不用函数。想快速按月或年填充日期，可以这样做。

第1步 输入一个正确的日期（连接符号为 - 或 /），例如 2000/1/1。

第2步 选中此日期单元格，并向下单击拖曳填充，完成后会在区域中出现"自动填充选项"小图标。

第3步 单击"自动填充选项"小图标，在弹出的菜单中，根据需求，选择"以月填充"或者"以年填充"选项。此时，日期数据将按相关设置自动填充。

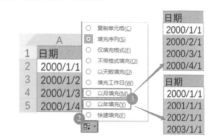

★第八篇★

Excel数据分析篇

知识点 42

高亮重复：一键查找重复数值

容易程度：★★★★
实用程度：★★★★★
使用场景：在Excel表中快速查找重复数值

如果你要在Excel表的一列数据中，找出重复的数据，于是就从小到大将数据排序，再用肉眼逐个查找。

	A	B	C
1	数据	数据	数据
2	91.9245	24.6472	182.849
3	11.0925	49.1934	10.0925
4	14.6387	43.7396	14.1849
5	19.1849	78.2858	18.2774
6	23.7311	81.8321	22.3698
7	28.2774	87.3723	26.4623
8	32.8236	91.9245	30.5547
9	37.3698	96.4707	34.6472
10	41.916	101.017	38.7396
11	46.4623	105.563	42.8321
12	51.0085	110.109	46.9245
13	55.5547	114.656	51.017
14	60.1009	119.202	55.1094
15	64.6472	123.748	59.2019
16	69.1934	128.294	63.2943
17	73.7396	132.841	67.3868
18	78.2858	137.387	71.4792
19	82.8321	141.933	75.5717
20	87.3783	46.9245	79.6641

我保证你一会儿就会"眼花缭乱"，其实，想快速找出重复的数据，可以这样做。

第1步 选中所有数据，执行"开始"→"条件格式"→"突出显示单元格规则"→"重复值"命令。

第2步 此时，在弹出的"重复值"对话框中，将默认选项"重复"值设置为"浅红填充色深红色文本"。

第3步 单击"确定"按钮后，所选区域中的重复值将自动被突出显示为红色，重复值一目了然。

	A	B	C
1	数据	数据	数据
2	91.9245	24.6472	182.849
3	11.0925	49.1934	10.0925
4	14.6387	43.7396	14.1849
5	19.1849	78.2858	18.2774
6	23.7311	81.8321	22.3698
7	28.2774	87.3723	26.4623
8	32.8236	91.9245	30.5547
9	37.3698	96.4707	34.6472
10	41.916	101.017	38.7396
11	46.4623	105.563	42.8321
12	51.0085	110.109	46.9245
13	55.5547	114.656	51.017
14	60.1009	119.202	55.1094
15	64.6472	123.748	59.2019
16	69.1934	128.294	63.2943
17	73.7396	132.841	67.3868
18	78.2858	137.387	71.4792
19	82.8321	141.933	75.5717
20	87.3783	46.9245	79.6641

第4步 如果你需要取消已经设置好的条件格式，只需执行"开始"→"条件格式"→"清

除规则"→"清除整个工作表的规则"命令即可。

知识点 43

快速找数：一键查找所有不及格的人

容易程度：★★★★
实用程度：★★★★★
使用场景：Excel工作表中快速锁定特定数值

扫描观看视频教学

领导让你在一张多列的表中找出不及格的分值。你一看，在一千多条数据中找出所有低于60分的值，简单，似乎只要将数据按大小排列就可以了。

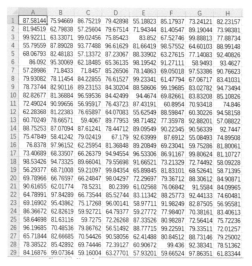

万万没想到，软件没有提供多列数值排序的功能，于是你把多列数据转成一列数据再进行排列。其实不用这么麻烦，想在多列中快速找出低于60的值，可以这样做。

第1步 选中所有数据，执行"开始"→"条件格式"→"突出显示单元格规则"→"小于"命令。

第2步 在弹出的"小于"对话框中，将"为小于以下值的单元格设置格式"设置为60，单击"确定"按钮。

此时，数据区域中所有低于60（不含60）的数值就会被突出显示。

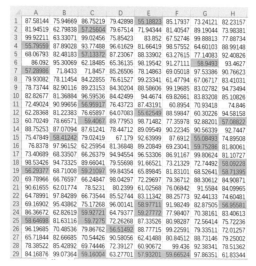

条件格式功能很好用，突出显示的效果还有很多，但本书篇幅有限，只选取两个案例略作介绍，大家完全可以自己试试条件格式的其他使用方法。

知识点 **44**

快速去重：海量数据中一键找出唯一值

容易程度：★★★★★
实用程度：★★★★
使用场景：Excel工作表中保留唯一值

扫描观看视频教学

在Excel工作表中，你需要在一万条有重复项的数据中保留唯一值，于是你将全部数据排序，然后手动逐个删除。

	A
1	客户名单
2	客户8
3	客户15
4	客户11
9998	客户1
9999	客户8
10000	客户15
10001	客户8

一万条数据全部删除重复项，半天的时间不一定能完成吧？还有一种方法，用不了半天，大概要花3秒，快来试试。

第1步 选中数据列，单击"数据"→"删除重复项"按钮。

第2步 在弹出的对话框中，选中"数据包含标题"复选框，在"列"框中选择需要删除的那一列，例如"客户名称"。

第3步 单击"确定"按钮，此时，数据列中只留下了唯一数值。

	A
1	客户名单
2	客户8
3	客户15
4	客户11
5	客户9
6	客户2
7	客户17
8	客户20
9	客户13
10	客户19
11	客户14
12	客户14
13	客户3
14	客户6
15	客户4
16	客户10
17	客户5
18	客户1

知识点 **45**

速变万元：后面加个万，连起来读一遍

容易程度：★★
实用程度：★★★★★
使用场景：将数值快速以"万"为单位显示

扫描观看视频教学

需要将Excel中的数值变成以"万"为单位表示，于是你为每一个数值都添加了除以10000的公式。其实不用这么麻烦，想快速将数据变成以"万"为单位，可以这样做。

第1步 选中数据区域并右击，在弹出的快捷菜单中选择"设置单元格格式"选项。

第2步 在弹出的对话框中，在"数字"选项卡的"分类"列表中选择"自定义"选项，在"类型"文本框中输入"0!.0,万"。

第3步 单击"确定"按钮，此时，所有数据都变成以"万"为单位显示。

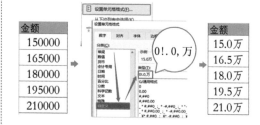

通过这样的操作修改数值单位为"万"，数据本质不会发生变化，只是显示的方式变成"万"了，这样可以进一步避免数据出错，相对比较安全。

知识点 46

粘贴数据：克隆数据粘贴法

容易程度：★★★
实用程度：★★★★★
使用场景：将非数据（如公式）转换为真实数据

扫描观看视频教学

你在Excel中遇到过这样的问题吗？复制粘贴数据后，数据会发生变化，不知道哪里出了错。别紧张，这是因为你复制的数值是公式，在粘贴时公式引用错位导致的。例如，直接复制C列的值，其实是复制了C列的公式，所以粘贴后就会出现错误。

	A	B	C
1	单价	数量	金额=单价*数量
2	1000	10	=A2*B2
3	1500	20	30000
4	2000	30	60000
5	2500	40	100000

想复制粘贴公式时的结果不发生变化，也就是即见即所得，可以这样操作。

第1步 先复制需要的数据区域。

第2步 在需要粘贴的新位置的第一个单元格处右击，在弹出的快捷菜单中选择"粘贴成数值"选项，即可完成数值结果的复制。

★ 第九篇 ★

Excel数据呈现篇

知识点 47

快速图表：文不如字，字不如表，表不如图

容易程度：★★★★
实用程度：★★★★★
使用场景：快速插入图表

扫描观看视频教学

有句俗话："文不如字，字不如表，表不如图。"说的就是图表在展示信息时具有表格不具备的先天优势。想快速将数据表格变身图表，你可以这样做。

第1步 选中需要的数据区域，按快捷键Alt+F1，此时，将自动生成一个柱形图。

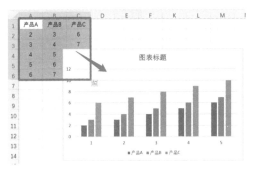

第2步 如果需要更改柱形图的图表样式，可以单击图表，在"图表设计"选项卡中，选择相应的图表样式选项即可。

第3步 如果需要更改其他的图表类型，可以单击图表，在"图表设计"选项卡中，单击"更改图表类型"按钮即可。

知识点 48

神奇图片：一张可以自动更新数据的图片

容易程度：★★★
实用程度：★★★★★
使用场景：将数据变成图片显示

扫描观看视频教学

你遇到过这样的人吗？他们会有意无意地将你的Excel表格内容删除或更改，导致结果错误。于是你只好用加密保存或者另存为PDF的方式传递文件，以免别人篡改你的数据。其实不用如此费心，可以试试将你的计算结果保存为图片，而且这张图片中的数据还可以自动更新，具体的操作步骤如下。

第1步 复制数据区域后，单击"开始"→"粘贴"→"其他粘贴选项"→"链接的图片"按钮。

第2步 此时，数据区域将变成一张图片。这可不是一张普通的图片，它是一张神奇的图片——如果原始数据区域发现变化，这张图片也会随之自动更新。例如，修改标题名称、修改单元格填充颜色、将所有数据变成8，右侧的图片都会随之更新。

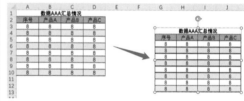

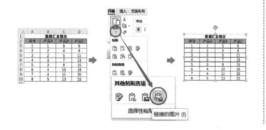

知识点 49

一屏多表：多个Excel工作表同时查看

容易程度：★★★
实用程度：★★★
使用场景：多张表格同时查看

扫描观看视频教学

如果需要经常把几张Excel表格同时打开一起查看，每次切换窗口实在太麻烦，还总是切换不到你想看的表格。其实，不用这样换来换去，想不切换表格就同时看多个表格，可以这样做。

第1步 同时打开两个或更多 Excel 工作簿。

第2步 在任意一个 Excel 工作簿中单击"视图"→"全部重排"按钮，在弹出的对话框中选中"平铺"单选按钮，单击"确定"按钮。

此时，各个Excel工作簿将自动平铺到屏幕上显示。

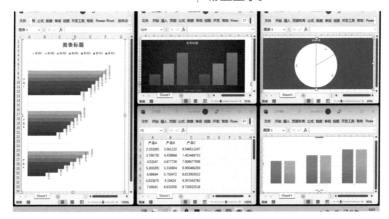

知识点 50

隐藏行列：行列都能让你看不见

容易程度：★★★
实用程度：★★★
使用场景：隐藏整行或者整列的数据

扫描观看视频教学

Excel表中显示的行、列很多时，需要隐藏一些不重要的内容。若是删除了，以后又要用到该怎么办呢？其实你可以试试隐藏功能。想快速隐藏单元格的行或列，你可以这样做。

若要隐藏一列，先选中这一列或多列的列标字母，例如选择G列，右击并在弹出的快捷菜单中选择"隐藏"选项。

同理，若要隐藏行，需要先单击行标数字。例如隐藏2~5行，就选中2~5行的行标数字，右击并在弹出的快捷菜单中选择"隐藏"选项。

如果你想显示已经隐藏的列，则可以选中包含隐藏列的前后两列，例如选中F和K两列，右击并在弹出的快捷菜单中选择"取消隐藏"选项即可，取消隐藏的行与隐藏行的操作类似。

知识点 51

数据隐身：让单元格数据隐藏起来

容易程度： ★★
实用程度： ★★★
使用场景： 将单元格数据空白显示

扫描观看视频教学

　　Excel表中有一些单元格中的数据需要隐藏，于是你将文字填充成白色，好像真的看不见了，但是当需要重新显示的时候还需要改回来。何必这么麻烦，想要隐藏单元格中的数据，只需这样做。

第1步 选中需要隐藏的单元格，右击并在弹出的快捷菜单中选择"设置单元格格式"选项。

第2步 在弹出的对话框的"数字"选项卡的"分类"列表中选择"自定义"选项，在"类型"文本框中输入";;;"（不含引号）。

第3步 单击"确定"按钮，此时，选中的单元格数据将不再显示。

专家提示

这个操作不是删除数据，只是让数据隐藏，所以数据还在，可以放心使用。

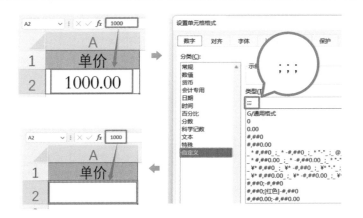

知识点 52

隐身大法：不是所有Sheet表格都需要展示

容易程度：★★★
实用程度：★★★★★
使用场景：工作表较多时，需要隐藏一些工作表

扫描观看视频教学

一份Excel工作簿，其中有好几十张Sheet表。其实，其中的大多数表都是不常用的，完全可以把它们隐藏起来。想隐藏暂时不需要Sheet表，可以试试这种方法。

第1步 在需要隐藏的工作表标签上右击，在弹出的快捷菜单中选择"隐藏"选项，即可隐藏工作表。

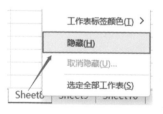

第2步 如果要取消隐藏的工作表，只需要再次在其他工作表标签上右击，在弹出的快捷菜单中选择"取消隐藏"选项，在弹出的"取消隐藏"对话框中选择需要取消隐藏的工作表，单击"确定"按钮，即可显示该工作表。

知识点 53

深藏不露：让Sheet表穿上"隐身衣"

容易程度：★
实用程度：★★★
使用场景：工作表需要深度隐藏，不被轻易发现

扫描观看视频教学

在Excel中，用常规方式隐藏起来的Sheet表总是可以被别人找出来，而有些表格完全是商业机密，绝对不能让被人查看，该怎么办？想要深度隐藏Sheet表，不让别人轻易找到，可以使用这个方法。

第1步 在需要隐藏的工作表标签上右击，在弹出的快捷菜单中选择"查看代码"选项。

第2步 此时会进入 Microsoft Visual Basic for Applications 软件界面，单击"工程资源管理器"和"属性窗口"两个按钮（下图中红色标记的按钮）。

第3步 此时，Microsoft Visual Basic for Applications 软件界面左侧将出现"工程"和"属性"窗口。"工程"窗口可以看到工作簿中任意工作表的情况；"属性"窗口中可以看到该工作表的各类属性设置。

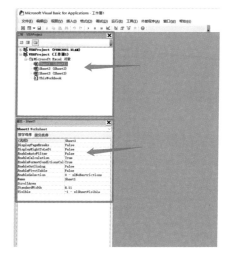

第4步 在"工程"窗口中选中需要隐藏的工作表，这里选择的是 Sheet1。在下面的"属性"栏中，找到最下面的 Visible（隐藏属性），单击下拉按钮，选择 2-xlSheetVeryHidden 选项，设置为深度隐藏。

第5步 关 闭 Microsoft Visual Basic for Applications 软件，返回 Excel 软件。此时，Sheet1 表就不见了，通过右击在弹出的快捷菜单中也找不到"取消隐藏"选项。要知道，表和数据内容其实都还在，同样可以实现各种数据关联、引用。你就像数据"魔法师"一样，普通人一定不知道你的表隐藏到哪里了。

第6步 如果需要恢复显示，只需重复第1~3步。在第4步中，将原来设置的2-xlSheetVeryHidden恢复为 -1-xlSheetVisible 即可。

知识点 **54**

快速全显：避免总有些单元格内容看不全

容易程度：★★★★★
实用程度：★★★★★
使用场景：Excel需要最合适列宽显示时

扫描观看视频教学

你打印一张表格交给领导，结果领导一看发现数据的尾数不对，就要发怒，说你怎么工作的，太不仔细了！你很委屈，自己明明检查了呀。回去一看，原来是单元格显示不完整，自动将数据四舍五入了。谁要Excel这么自动呀，这不是害我吗？其实，想让单元格数据完整显示，你可以这样做。

第1步 单击行标 1 和列标 A 左上角的交汇图标，全选整表。

第2步 将鼠标指针放在 A 和 B 之间，当鼠标指针变成左右箭头图标时双击，此时，单元格列宽将根据内容自动进行宽度调整。

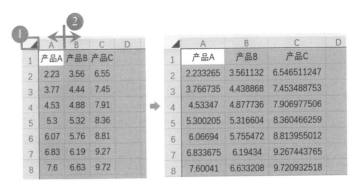

同样的操作方法可以用于单元格行高的设置。

知识点 55

窗口冻结：单元格已被成功冻结

容易程度： ★★★	
实用程度： ★★★★	
使用场景：需要锁住固定区域以便查看	 扫描观看视频教学

Excel表有几百行，但经常需要看后面的内容。遇到这种情况，将表格移到后面，但又不知道哪列数据对应哪个标题了，又要重新回到表头看标题非常麻烦。其实，想将表格标题行固定，你可以这样做。

第1步 选中想要固定（冻结）工作表的首行，执行"视图"→"冻结窗格"→"冻结首行"命令。此时，表格的首行将被固定，无论怎样移动表格，首行都不会变化。

第2步 如果表格首行不是标题，冻结首行无法达到要求时，可以执行"冻结窗格"命令。

第3步 选中表格中相应的单元格，执行"视图"→"冻结窗格"→"冻结窗格"命令，此时，工作表中只能移动数据区域（下图中绿色标记），其他表格区域将不会移动。

第4步 如果需要取消冻结行、列或者窗格，只需要执行"视图"→"冻结窗格"→"取消冻结窗格"命令即可。

★ 第十篇 ★

Excel 高效操作篇

知识点 56

一键全关：同时关闭所有Excel文件

容易程度：★★★★
实用程度：★★★★★
使用场景：关闭全部Excel文件

扫描观看视频教学

你有过这样的经历吗？不小心打开了很多文件，这些文件就像病毒文件窗口一样占满了整个屏幕，看着怪吓人的，只能耐着性子逐个单击"关闭"按钮将其关闭。其实，想快速关闭打开的全部Excel文件很简单，你可以这样做。

第1步 按住 Shift 键，单击任意一个 Excel 文件窗口的"关闭"按钮，此时即可快速关闭所有 Excel 文件。

第2步 如果弹出提示对话框，可以单击"全部保存"按钮，将工作簿保存后再全部关闭。

Microsoft Excel ×

⚠ 是否保存对"工作簿1"的更改？

保存(S) 全部保存(A) 不保存(N) 取消

知识点 57

多表修改：多张Sheet表同时统一修改

容易程度：★★
实用程度：★★★★
使用场景：同时修改多张表格内容

扫描观看视频教学

你有5张表格，想同时修改这些表格的标题，例如，希望将这些表格中的"大数据汇总表"修改为"数据汇总情况"，将"数据A""数据B""数据C"分别修改为"产品A""产品B""产品C"。

	A	B	C	D
1	大数据汇总表			
2	序号	数据A	数据B	数据C
3	1	1.56237	5.55113	6.35125
4	2	2.43763	4.46513	8.75123
5	3	2.87527	5.93026	11.1512
6	4	3.3129	7.39539	13.5512
7	5	3.75054	8.86053	15.9512
8	6	4.18817	10.3257	18.3512
9	7	4.62581	11.7908	20.7511
10	8	5.06344	13.2559	23.1511
11	9	5.50108	14.7211	25.5511

Sheet1 Sheet2 Sheet3 Sheet4 Sheet5

于是你在各个工作表之间翻来翻去逐个修改。其实不用这么麻烦，想统一修改多张Sheet表的内容，你可以试试这个办法。

第1步 选中最左侧工作表，按住快捷键Shift+Ctrl的同时，选取其他多个工作表。

Sheet1 Sheet2 Sheet3 Sheet4 Sheet5

第2步 在任意一个表中输入内容或修改格式，此时，所有选中的表都会同步修改。例如，将标题文字"大数据汇总表"修改为"数据汇总情况"，将"数据 A""数据 B""数据 C"修改为"产品 A""产品 B""产品 C"。

此时，每张Sheet表中都会同步刚才的修改，实现批量修改的目的。

	A	B	C	D
1	数据汇总情况			
2	序号	产品A	产品B	产品C
3	1	1.56237	5.55113	6.35125
4	2	2.43763	4.46513	8.75123
5	3	2.87527	5.93026	11.1512
6	4	3.3129	7.39539	13.5512
7	5	3.75054	8.86053	15.9512
8	6	4.18817	10.3257	18.3512
9	7	4.62581	11.7908	20.7511
10	8	5.06344	13.2559	23.1511
11	9	5.50108	14.7211	25.5511
12	10	5.93871	16.1862	27.9511
12	11		17.6513	30.3511

Sheet1 Sheet2 Sheet3 Sheet4 Sheet5

知识点　58

快速跳转：快速到达任意Sheet表

容易程度：★★★★★
实用程度：★★★★★
使用场景：快速到达其他工作表

扫描观看视频教学

你遇到过这样的情况吗？你有一份Excel工作簿，其中有几十张Sheet表，每次要进入相应的表格，都要花费大量的时间寻找。其实，工作表太多，想快速进入某一张表格，可以试试这种方法。

第1步 在 Excel 软件左下角的第一张 Sheet 表左侧区域右击。

第2步 此时会弹出"激活"对话框，这里有该 Excel 工作簿中全部的工作表，选中需要查看的表格选项，单击"确定"按钮，即可快速到达你想找的工作表。

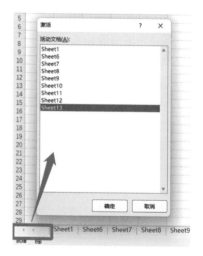

知识点 59

整表复制：一键完成整表复制

容易程度：★★★★
实用程度：★★★★
使用场景：复制使用Excel工作表

扫描观看视频教学

在制作Excel表格时，想复制整张Sheet表，于是先全选中整张表进行复制，再新建一张表格进行粘贴，但通过这样的操作经常会出现错误提示。其实不用这么麻烦，想快速复制一张完整的工作表，你可以这样做。

第1步 按住 Ctrl 键，同时按住鼠标左键，拖动需要复制的 Sheet 表，此时会出现一个带 + 号的文件图标，释放鼠标左键，即可完成复制。

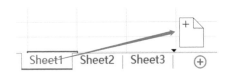

第2步 如果想复制到其他工作簿或者新工作簿中，可以在需要复制的工作表标签上右

击，在弹出的快捷菜单中选择"移动或复制"选项。

第3步 在弹出的"移动或复制工作表"对话框的"工作簿"列表中，根据需要选择"（新工作簿）"选项或者其他工作簿。

第4步 如果只是复制工作表，选中"建立副本"复选框，单击"确定"按钮即可完成操作。

知识点 60

一页打印：一张A4纸能容纳表格就别用两张

容易程度：★★★★★
实用程度：★★★★
使用场景：将表格打印到一页A4纸中

扫描观看视频教学

　　需要打印一张Excel表格，发现表格比A4纸的打印范围大了一点儿，于是就调整文字大小、列距、行距、页边距，操作起来非常麻烦。其实，用一页A4纸打印一张表，你可以这样做。

第1步 执行"文件"→"打印"命令，在"设置"选项区中，找到"无缩放"选项。

第2步 将"无缩放"设置为"将工作表调整为一页"。此时，表格即可打印到一页 A4纸中了。

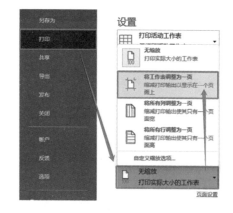

★ 第十一篇 ★

Word文字处理篇

汉字拼音：让领导发言不再出丑

容易程度：★★★★
实用程度：★★★★
使用场景：Word中为文字加拼音

扫描观看视频教学

你给领导准备了一份发言稿，其中有个词："忐忑不安"，可领导却念成了"上下不安"。观众笑成一团，领导尴尬且愤怒地看着你，现在轮到你"忐忑不安"了。要是文稿中的生僻字有注音该多好啊！想为不认识的字标注拼音，其实很简单，你可以这样操作。

第1步 选中需要注音的文字，单击"开始"→"字体"→"拼音指南"按钮。

第2步 在弹出的"拼音指南"对话框中，会自动将文字的拼音显示出来。为了让拼音更容易查看，可以将"对齐方式"设置为"居中"选项，完成后单击"确定"按钮，此时文字就有注音了。

tǎn tè bù ān
忐忑不安

知识点 62

输几打钩：快速输几常用的特殊符号

容易程度：★★
实用程度：★★★★
使用场景：输入特殊符号

扫描观看视频教学

在Word中，是不是经常需要输入√、☑和其他的特殊符号？是不是每次输入时，都要去网上查找复制。其实，想快速插入一个特殊符号，可以这样操作。

第1步 单击"插入"→"符号"→"其他符号"按钮。

第2步 在弹出的"符号"对话框中，将"字体"设置为Wingdings，这里有各种各样的符号，你可以在列表中找到自己需要的符号，例如一个带钩的选框符号，双击该符号即可将其插入 Word 文稿中。

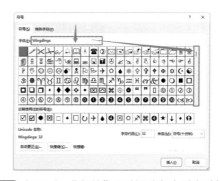

第3步 如果在"字体"下拉列表中选择其他字体，例如 Wingdings 2，会出现其他符号供你选择。总之，如果找不到想用的符号，就换一个字体再找找。

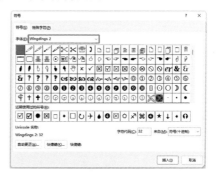

专家提示

下次再使用"符号"功能时，会出现近期使用过的符号，直接调用即可。

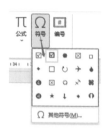

知识点 63

输入生字：如何打出"龘"等生僻字

容易程度：★★
实用程度：★★★★
使用场景：需要输入一些生僻汉字

扫描观看视频教学

龘、鱻、猋、燚、尛、羴、麤、毳、

畾、垚、叒、惢……

面对以上文字，你是不是觉得自己才疏学浅呢？哈哈，其实没什么，要知道，汉字博大精深，据说一共有10万多个汉字，而我们日常用的也就8000多个。一些不常用的生僻字，不认识很正常。

但是，如果你经常遇到一些不认识的生僻字，每次都需要查字典，就比较麻烦了。如果你不会用五笔输入法，其实也可以打出这些生僻字，试试这样做。

第1步 例如要输入"龘"字，可以先输入其

中一个偏旁"龙"。

第2步 选中"龙"字，单击"插入"→"符号"→"其他符号"按钮。

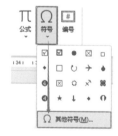

第3步 在弹出的"符号"对话框中，可以看到所有带"龙"偏旁的字。找到"龘"字，

双击即可插入相应的位置。

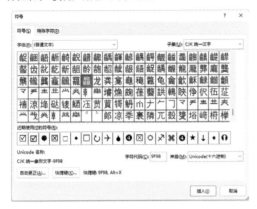

专家提示

还有一种方法，如果使用"搜狗"或"讯飞"等第三方输入法，可以直接用U模式笔画输入法。直接输入ulonglonglong，也可以快速输入生僻字，而且还带拼音，特别方便。

知识点 64

调整字号：一键调整文字大小

容易程度：★★★★★
实用程度：★★★★★
使用场景：调整文字大小

扫描观看视频教学

在Word中有很多操作，其中，调整文字大小你一定很常用，但每次调整文字大小都需要找到字号功能点来点去。其实，想快速完成文字大小的调整，可以这样做。

第1步 想要放大文字，先选中文字，再按下快捷键 Ctrl+]，可以多按几次将文字放得很大。

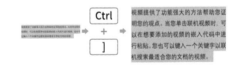

第2步 想要缩小文字，先选中文字，再按快捷键 Ctrl+[，同样可以多按几次将文字缩得很小。

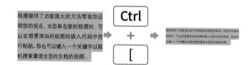

专家提示

通过此快捷键调整文字大小的操作，在 PowerPoint 中同样适用。

知识点 65

去超链接：快速清除网页中的超链接

容易程度：★★★★★
实用程度：★★★
使用场景：清除超链接

扫描观看视频教学

在网上下载一篇文章，复制到Word文档中会有很多蓝色的超链接线；如果输入一个网址、邮箱地址，也都会自动变成超链接。单击这些超链接就会跳转到其他网站。

微博：
https://weibo.com/
必应：
https://cn.bing.com/
哔哩哔哩：
https://www.bilibili.com/

想快速清除这些超链接样式，你需要这样操作。

第1步 全选文字。

第2步 按快捷键 Ctrl+Shift+F9，即可全部清除超链接，将文字变成正常的样子。

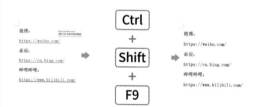

知识点 **66**

红色波浪：取消文字下方的红色波浪线

容易程度：★★★
实用程度：★★★★
使用场景：将更正波浪线隐藏

扫描观看视频教学

你肯定遇到过在Word中有些软件认为的错误文字下方显示的波浪线。如果不需要软件帮你纠错，看起来就会感觉比较闹心。

视频提供了功能强大的方法帮助 dao 您的观点。当您单击联机视频时，可以在想要添加的视频的嵌入代码中进行粘贴。您也可以键入一个关键字以联机搜索最适合您的文档的视频。为使您的文档具有专业外观，Wordw 提供了页眉、页脚、封面和文本框设计，这些设计可互为补充。例如，您可以添加匹配的封面、页眉和提要栏。单击"插入"，然后从不同库中选择所需元素。

Office毕竟是国外的软件，汉语的很多使用习惯开发者并不了解，导致出现一些不必要的提示错误的波浪线。如果希望隐藏这些波浪线，可以这样操作。

第1步 执行"文件"→"选项"命令。

第2步 在弹出的"Word 选项"对话框中，进入"校对"选项卡，取消选中"键入时检查拼写"和"键入时标记语法错误"复选框，单击"确定"按钮。

此时，Word文稿中将不会再出现红色波浪线提示了。

知识点 67

日期更新：输入自动更新的日期

容易程度：★★★★
实用程度：★★★★
使用场景：输入自动更新的日期

扫描观看视频教学

在Word中，会遇到很多输入今天日期的情况，如果你每次都查看日历才知道今天是几日，下次输入的时候又要重新翻日历，就太麻烦了。其实，想让Word文档的日期自动更新，你可以这样做。

第1步 单击"插入"→"日期和时间"按钮。

第2步 在弹出的"日期和时间"对话框的"可用格式"列表框中选择需要的时间格式。如果需要自动更新日期，选中"自动更新"复选框，单击"确定"按钮即可。

此时，Word中会插入一个可以自动更新的日期，例如今天是2023年1月1日，第二天你再打开此文档，日期就会自动变成2023年1月2日。

签订日期：2023 年 1 月 1 日

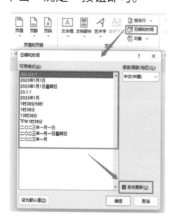

知识点 68

最佳对齐：对齐文字时不要打空格

容易程度：★★★★★
实用程度：★★★★★
使用场景：将文字对齐

在Word中，你经常为文字对齐问题苦恼吧？特别是那些文字预留（空白）处，例如"乙方"文字要与其下面的"签订日期"对齐，用加空格的方式对齐真的很难操作。

甲方： 乙方：
签订日期： 签订日期：

其实对齐也有好办法，不用空格，方便地对齐文字，只需掌握如下方法即可。

第1步 将文字中的空格删除，将其排在一起。

甲方：乙方：
签订日期：签订日期：

第2步 在需要分开文本的位置，如"乙方"之前单击并按 Tab 键。此时，"乙方"文字会向后自动后退。

甲方： 乙方：
签订日期：签订日期：

第3步 多按几次 Tab 键，将"乙方"文字放在合适的位置。

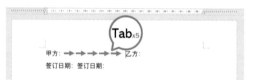

第4步 同理，"签订日期"文字也用上述的方法，多按几次 Tab 键后退，此时会发现"签订日期"文字会自动左对齐上面的"乙方"文字。

是不是很方便？要知道，按Tab键输入的是制表位，相当于不可见的表格，可以实现自动对齐的目的。所以，对齐就用Tab键，不需要使用空格键。

知识点 **69**

分栏排版：高效排版的必备神器

容易程度：★★★★★
实用程度：★★★★
使用场景：将文档多栏排版

扫描观看视频教学

你遇到过这样的情况吗？想将细长的表格内容打印出来，但是这个表格太"瘦"了，打印出来页面中2/3的空间都是空白的，有点儿浪费纸。

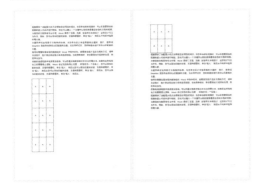

想节约用纸，把细长的表格合理打印，你可以试试"分栏"操作。

第1步 单击"布局"→"栏"中的相应分栏按钮。

第2步 Word文档默认的分栏方式是"一栏"，可以根据需要，将其设置为"两栏""三栏""偏左""偏右"。

例如，设置为"三栏"，此时的文稿就自动分成三栏，所有文字在一个页面上就可以全部显示了。

知识点 70

首行缩进：按两次空格键不专业

容易程度：★★
实用程度：★★★★★
使用场景：将文稿首行缩进

扫描观看视频教学

你知道为什么中国文章的标准格式，都要求首行空两格吗？这叫首行缩进，是为了让段落更加醒目。在输入文字时，你是不是每次都用按两下空格键的方式让首行文字缩进两格呢？何必这样麻烦，让Word中的段落自动空两格，最好的操作方法如下。

第1步 将鼠标指针放在文稿左侧，三击鼠标左键，全选文字。

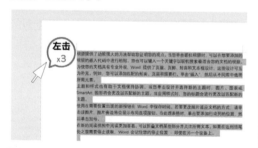

第2步 单击"开始"选项卡中，"段落"区域右下角的"段落设置"按钮 ⤵。

第3步 在弹出的"段落"对话框的"缩进"选项区域中，将"特殊"设置为"首行"，"左侧"设置为"2字符"，单击"确定"按钮。

此时，整篇Word文稿都自动首行缩进两个字了。

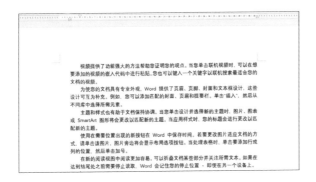

最佳行距：破解字体行间距太大的怪象

容易程度：★★★
实用程度：★★★★★
使用场景：修正字体间距太大的问题

扫描观看视频教学

你发现了吗？在Word中同样字数的一页文字，如果用宋体，一页就可以放下，但如果换成微软雅黑字体，一页就放不下了。

你仔细一看，发现微软雅黑字体的行间距怎么这么大啊！于是你调整行间距，甚至设置固定行间距，这个问题还是没有解决。其实这个问题的根本原因在于，有的字体默认定义了"文档网格"，导致其行间距过大。要解决这个问题，你可以这样做。

第1步 将鼠标指针放在文稿左侧，三击鼠标左键，全选文字。

第2步 单击"开始"选项卡中"段落"区域右下角的"段落设置"按钮 ⬏。

第3步 在弹出的对话框中，取消选中"如果定义了文档网格，则自动调整右缩进"和"如果定义了文档网格，则对齐到网格"复选框。

这时，所有采用微软雅黑字体的文字的行间距就会变成正常效果了。

知识点 72

调整行距：快速调整行与行之间的距离

容易程度： ★★★★★	
实用程度： ★★★★★	
使用场景：调整行距	

一份Word文档，有的标题段落间距太大，有的正文行与行又挨得太近，于是你调整文字大小，发现行间距还是没有变化。此时，你需要调整行与行的间距。想快速调整行距，这样操作最方便。

第1步 想要将文字变成单倍行距(1.0行距)，可以选中文字，再按快捷键 Ctrl+1 即可。

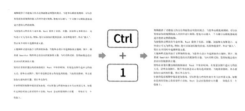

第2步 若想要将文字变成双倍行距 (2.0 行距)，可以选中文字，再按快捷键 Ctrl+2 即可。

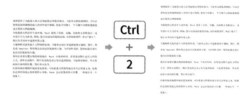

第3步 若想要将文字变成 1.5 倍行距，可以选中文字，再按快捷键 Ctrl+5 即可。

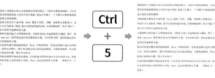

知识点 73

姓名宽度：快速对齐长短不一的姓名

容易程度：★★
实用程度：★★★★
使用场景：将不同字数的姓名对齐

扫描观看视频教学

Word文档中，有一大段罗列的姓名，有的是两个字的，有的是三个字的，看起来非常凌乱，不整齐。

姓名
林屹
万保
尹檬
唐希佳
李璧剑

于是你用"空格大法"在两个字的姓名中加入空格，这样如果要调整100个姓名，估计你也累得够呛了。其实不用这么麻烦，想快速对齐长短不一的姓名，可以这样做。

第1步 按住 Alt 键，纵向选中所有需要调整的姓名文字。

第4步 单击"确定"按钮，所有的姓名就都对齐了！

第2步 单击"开始"→"段落"→"调整宽度"按钮。

第3步 在弹出的"调整宽度"对话框中，设置"新文字宽度"值，如设置为3。

姓　名
林　屹
万　保
尹　檬
唐希佳
李璧剑
谢　晋
范　嶙
戴琬雪
张循希
蒋　檬
寥　站
钱小麟
杜　剑
郭　功
黄飘坡
张循莉
秦瑞佳

★ 第十三篇 ★

Word表格制作篇

知识点 74

文字变表：表格就是有逻辑的文字

容易程度：★★★
实用程度：★★★★★
使用场景：将文字转换为表格

在Word中，需要将一段文字做成表格。于是你插入表格，将文字逐个对应地复制粘贴到表格中。其实不用这么麻烦，想将一堆文字批量转换成表格，你可以这样做。

第1步 为文字设置分隔符号，例如使用空格将全部字符逐一隔开。

数量 金额 单价
1 200 200
4 30 120

第2步 选中所有文字，执行"插入"→"表格"→"文本转换成表格"命令。

第3步 在弹出的"将文字转换成表格"对话框中，根据实际情况，确定表格相关选项，例如列数、列宽、文字分隔位置等，设置完成后，单击"确定"按钮。

此时，文字自动转换成表格。

数量	金额	单价
1	200	200
4	30	120
3	40	120
6	50	300

知识点 75

重复表头：打印/查看重复表头

容易程度：★★★
实用程度：★★★★
使用场景：打印或查看重复表头

扫描观看视频教学

Word中的表格很长，而这张表的表头信息只有第一页才有，后面的每一页没有表头，看不出数据具体代表什么意思。

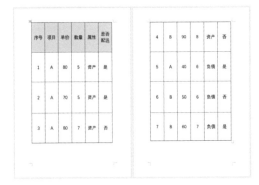

别头疼，想让Word中的表头在每一页重复出现，可以这样操作。

先选中标题行（表头），单击"布局"→"重复标题行"按钮。

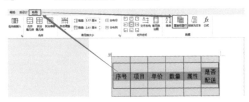

此时，你就会发现，每一页的表格首行，都有标题行（表头）了。

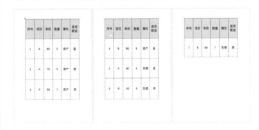

知识点 76

表格下移：快速让大表格整体下移

容易程度：★★★★★
实用程度：★★★★
使用场景：将表格整体下移

扫描观看视频教学

　　Word中有一个大表格，想要随意移动这个"大家伙"，可不是一件容易的事，毕竟选中整张表格都很难。其实也有便捷的方法，想要快速将表格向下移动，只需要这样做。

第1步 将鼠标指针放在表格的第一个单元格的开头位置。

数据1	数据2	数据3	数据4	数据5	数据6
45	36	44	32	30	35
57	35	34	58	36	34
57	57	52	40	53	36
52	52	58	57	60	56
55	49	54	33	37	37
42	51	43	59	33	39

第2步 按 Enter 键，此时，表格就会整体下移换行。

回车

数据1	数据2	数据3	数据4	数据5	数据6
45	36	44	32	30	35
57	35	34	58	36	34
57	57	52	40	53	36
52	52	58	57	60	56
55	49	54	33	37	37
42	51	43	59	33	39

知识点 77

表格调整：一招自动调整表格大小

容易程度：★★★★★
实用程度：★★★★★
使用场景：调整表格大小

扫描观看视频教学

在Word文档中有一个表格，由于其中的文字内容不一样多，导致有的行距过大，有的列又不够宽，无法容纳数据。

数据1	数据2	数据3	数据4	数据5	数据6
45.444444	36	44	32	30.88888	35
57	35	34	58.7777777	36	34
57	5.333333	52	40	53	36
52	52	58	57	60	56
55	49	54	33	37	37
42	51	43	59	33	39

如果逐个去调整，效率会非常低。其实，想根据表格内容自动调整表格布局，可以这样做。

第1步 单击表格中的任意一个单元格。

第2步 单击"布局"→"自动调整"→"根据内容自动调整表格"按钮。

此时，表格就会根据其中数据的宽度，自动调整整张表格的宽度和高度。

数据1	数据2	数据3	数据4	数据5	数据6
45.444444	36	44	32	30.88888	35
57	35	34	58.7777777	36	34
57	5.333333	52	40	53	36
52	52	58	57	60	56
55	49	54	33	37	37
42	51	43	59	33	39

知识点 **78**

数据更新：Word表也可以自动更新Excel源

容易程度：★★
实用程度：★★★★
使用场景：同步Excel更新数据

扫码观看视频教学

从Excel表中复制一些数据到Word中，每次数据有变化时都需要重新核对并更新，效率低下，而且容易出错。其实，让Word中的表格随着Excel数据自动更新，你可以这样做。

第1步 选中要复制的 Excel 表格中的单元格区域。

第2步 进入 Word，单击"链接与保留源格式"或"链接与使用目标格式"按钮。

专家提示

此时，Excel 中的表格数据将自动同步到 Word 表格中。为了方便数据准确更新，建议不要再移动 Excel 文件保存的位置。

第3步 如果后续使用中，Word 中的数据没有自动更新，可以右击 Word 表格，在弹出的快捷菜单中选择"更新链接"选项，也可以选择"链接的 Worksheet 对象"选项，打开 Excel 源文件直接进行修改更新。

★ 第十四篇 ★

Word神奇功能篇

知识点 79

精确导航：给Word装一个导航仪

容易程度：★★★★
实用程度：★★★★
使用场景：页数过多需要快速导航

扫描观看视频教学

你有一份100页的Word文档，需要经常查看第55页、第88页或者其他任何页面。你的方法很简单——滚动鼠标滚轮。你不觉得麻烦吗？而且还经常容易翻过页面。其实，想快速导航到Word文档中的某一页，有两种简单的方法。

方法一：在Word中，按F5键，在弹出的"查找和替换"对话框中，将"定位目标"选择为"页"，在"输入页号"文本框中直接输入需要到达的页数，例如55，最后单击"定位"按钮即可。

方法二：在Word中，单击"视图"选项卡，选中"导航窗格"复选框。在左侧出现的"导航"窗口中选择"页面"选项卡。文稿的每一页预览就会出现在这里，只需要单击需要的页面，即可快速到达该页。

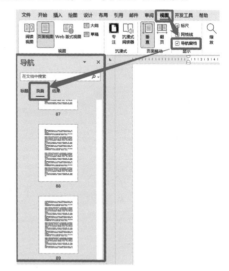

知识点 80

绿格稿纸：让Word背景重返17岁

容易程度：★★★★★
实用程度：★★
使用场景：将背景设置为作文格

扫描观看视频教学

家中小孩想让你给他做一张绿色表格的作文纸，于是你在网上找了半天也没有合适的图片。其实不用这么麻烦，Word中就有这样的稿纸模板，具体的操作步骤如下。

第1步 单击"布局"→"稿纸设置"按钮。

第2步 在弹出的"稿纸设置"对话框中根据使用情况选择格式，如"方格式稿纸"或"行线式稿纸"。

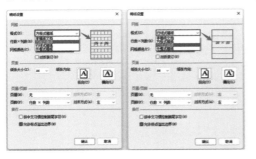

第3步 单击"确定"按钮，作文纸就画好了，可以直接在稿纸上输入文字，也可以直接将稿纸打印出来手写完成。

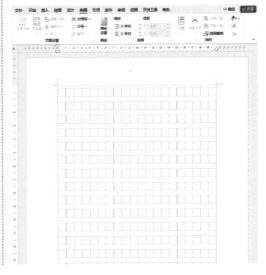

知识点 81

分屏视角：单屏幕同样可以实现多屏效果

容易程度：★★★★
实用程度：★★★
使用场景：同时查看大文档的不同位置

扫描观看视频教学

在Word中你需要核对一篇100多页的文章，第2页的内容和第98页有相同的地方，需要认真核对。于是你看了上文又看下文，鼠标就在你的手上"滚上滚下"，太麻烦。其实，想轻松比对上下文本，你可以这样做。

单击"视图"→"拆分"按钮。

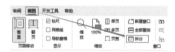

此时，Word的界面将变成上下两个拆分视图，但显示的都是同一份文档，比对起来非常方便。

知识点 82

文档合并：多文件汇总利器

容易程度：★★★
实用程度：★★★★★
使用场景：快速合并多个Word文档

扫描观看视频教学

你有10个Word文档，需要将它们合并为一个文档，怎么办？逐个手动复制粘贴，太浪费时间了。其实想快速合并多个Word文档，你可以这样做。

第1步 单击"插入"→"对象"→"文件中的文字"按钮。

第2步 在弹出的"插入文件"对话框中，找到并选中需要加入的一个或几个 Word 文档，单击"插入"按钮，即可快速完成多个 Word 文档的快速合并。

知识点 83

背景底色：换个Word底色，换个好心情

容易程度：★★★
实用程度：★★★
使用场景：设置页面背景颜色

扫描观看视频教学

你的客户在审核你和竞争对手的投标文件，也许千篇一律的白色背景会让客户疲倦。如果你的Word文档一打开就与众不同，例如背景色正好是客户公司的Logo色，也许客户就会对你的文档更加关注。想快速更换Word页面的背景颜色，可以这样做。

第1步 单击"设计"→"页面颜色"按钮。

第2步 Word 文档默认为"无颜色"，就是打印纸是什么颜色，打印后就是什么颜色。你可以在这里换为其他颜色，如浅绿色，这样，阅读时可以保护眼睛。

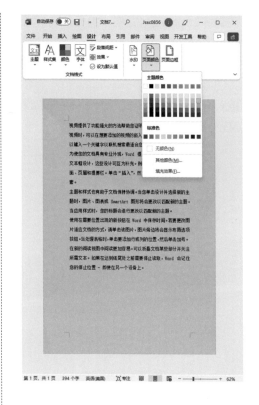

知识点 84

背景水印：批量添加文档水印

容易程度：★★
实用程度：★★★★★
使用场景：添加水印

扫描观看视频教学

在Word文件中，需要加入一些水印文字，于是你插入了一个文本框，将其置于底层。虽然效果不错，但是第二页好像又要重新插入，太麻烦了。想在Word中快速加入底纹或者水印，你可以这样做。

第1步 单击"设计"→"水印"按钮，在这里可以看到有一些默认的水印效果，如"机密""严禁复制"等。

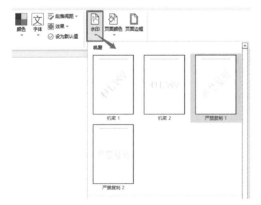

第2步 如果需要自定义水印，单击下方的"自定义水印"按钮。

第3步 在弹出的"水印"对话框中，选中"文字水印"单选按钮，根据要求依次设置"文字""字体""颜色"等选项。例如，在"文字"文本框中填写"内部文件"，将"字号"设置为"自动"，"颜色"设置为红色，并选中"半透明"复选框，在"版式"中选中"斜式"单选按钮，单击"确定"按钮。

最终，每一页Word文稿中，都会出现刚刚设置好的水印效果。

第4步 如果要删除水印，单击"设计"→"水印"→"删除水印"按钮即可。

★ 第十五篇 ★

Word高效操作篇

知识点 85

一键存图：一招提取Word中的全部图片

容易程度：★★★
实用程度：★★★★
使用场景：将所有图片全部保存

扫描观看视频教学

一份Word文档中有很多图片，而且你都非常喜欢。于是你开始一张张地保存。图片少倒没什么，要是图片太多，就要花费大量时间。其实，要一次提取Word中的全部图片，你可以这样做。

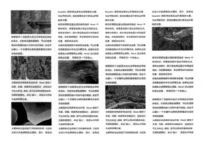

第1步 执行"文件"→"另存为"命令，在弹出的对话框中，将"文稿类型"设置为"网页（*.htm,*.html）"。

专家提示

也可以按F12键，执行"另存为"命令。在弹出的对话框中，将"保存类型"设置为"网页"。

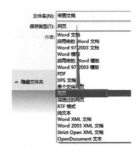

第2步 在保存文件的文件夹中，你会得到一个网页文件和同名文件夹，打开文件夹可以看到，该Word文档中的所有图片文件都在里面了。

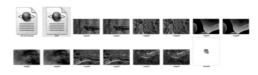

知识点 **86**

快速找字：同样是查找，为什么这么快

容易程度：★★★
实用程度：★★★★★
使用场景：快速找到关键词

扫描观看视频教学

在Word中，你想找一些关键词，看看整篇文档到底用了多少这个关键词。例如，你想在一份100多页的文档中，统计一共使用了多少"视频"关键词。

于是执行"查找和替换"命令，复制粘贴要查找的内容，再单击"查找"按钮。其实不用这么麻烦，想在Word中快速查找相同文字，你可以这样做。

第1步 先选中关键词，例如这里选中"视频"二字。

视频提供了功能强大的方法帮助您证
频时，可以在想要添加的视频的嵌入
入一个关键字以联机搜索最适合您的
为使您的文档具有专业外观，Word

第2步 按下快捷键 Ctrl+F。此时，整个文档中每一个"视频"关键词，都会被高亮黄色显示。左侧出现的"导航"窗口中也会出现"8个结果"，分别的位置也出现在此。使用这样的方法查找，一步到位，省时省力。

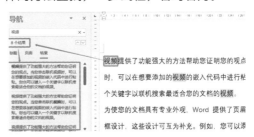

知识点 87

快速删图：快速删除海量图片但不删字

容易程度：★★
实用程度：★★★
使用场景：快速删除多张图片

扫描观看视频教学

在Word中，有很多图片，你想删除文档中的所有图片。于是你选中一张图片并全选，发现除了图片，文字也一起被选中了，这可不是你想要的结果。其实，想快速删除Word中所有的图片，你可以这样做。

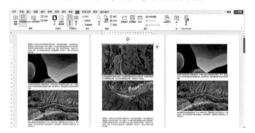

第1步 按快捷键 Ctrl+H，或者单击"开始"→"替换"按钮。

第2步 在弹出的"查找和替换"对话框的"查找内容"文本框中输入 ^g（^ 的输入方法为同时按 Shift+6 键）。

第3步 单击"全部替换"按钮。此时，文档中的所有图片全部删除。

知识点 **88**

图片居中：多图快速居中对齐

容易程度：★
实用程度：★★★
使用场景：将大量图片居中对齐

扫描观看视频教学

你有一个含有大量图片的Word文档，想把所有图片都居中对齐，发现图片居中可不像文字居中那样，调整起来那么方便，似乎只能一张张地手动调整。

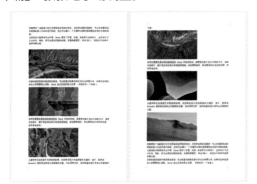

由于图片太多，手动居中操作太麻烦了，其实，想让所有图片都居中对齐，你可以这样做。

第1步 按快捷键 Ctrl+H，弹出"查找和替换"对话框。

第2步 在"查找内容"文本框中输入 ^g。

第3步 单击"查找和替换"对话框中的"更多"按钮。

第4步 在扩展的选项中，单击"格式"按钮，在弹出的菜单中选择"段落"选项。

第6步 单击"确定"按钮后,"查找和替换"对话框已经设置完毕,单击"全部替换"按钮即可。

此时,所有的图片将全部居中对齐,而且文字不受影响。

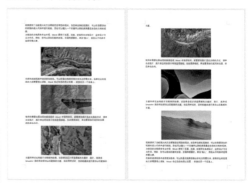

第5步 在弹出的"查找段落"对话框中,将"对齐方式"设置为"居中"。

知识点 89

相似文字：快速选取所有标题文字

容易程度：★★★★
实用程度：★★★★
使用场景：快速选取相同样式的文字

扫描观看视频教学

在Word中，你需要选择所有标题文字，并更换为其他颜色。可是有时候一个文档中的标题有上百个，逐个选取调整太费时费力。

其实，想快速全选那些特殊的文字，只需要这样做。

第1步 选中其中一处的特殊文字，例如选中"标题内容1"。

第2步 单击"开始"→"选择"→"选定所有格式类似的文本（无数据）"按钮。

此时，Word文档中所有的类似样式文字，都会被选中。

第3步 此时只需直接设置被选中文字的效果，即可完成统一设置，例如全部设置为红色，并增大字号。

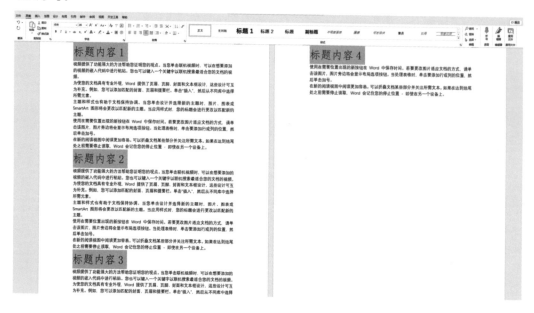

知识点 90

自动校正：快速输入多个常用内容

容易程度：★
实用程度：★★★★★
使用场景：输入常用内容

扫描观看视频教学

　　你经常在Word文档中输入公司的全称吗?而且是不是经常少输入"有限"或者"责任"这些字？不仅如此，其他一些常用的长文字每次输入都需要你核对半天，挺麻烦的。其实，你可以把这些常用文字保存为预设，方便后期快速调用，具体的操作步骤如下。

第1步 输入一段完整且正确的内容，例如公司名称"成都大数企业管理咨询有限公司"。

第2步 选中这段内容后，单击"文件"→"选项"按钮，在弹出的"Word 选项"对话框中单击"校对"选项卡中的"自动更正选项"按钮。

第3步 在弹出的"自动更正"对话框的"替换"文本框中输入短代码，例如"大数"二字，单击"添加"按钮，再单击"确定"按钮。

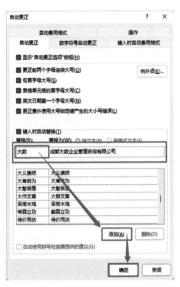

第4步 这样，以后在 Word 中就不需要再输入完整的公司名称了，只需输入"大数"两个字，即可出现完成的公司名称。

> 大数 ➡ 成都大数企业管理咨询有限公司

　　用这种方法可以输入很多常用的内容，无论是一句话还是一整段话，是中文还是英文都可以。

★ 第十六篇 ★

Office通用技巧篇

知识点 91

文件兼容：不同版本兼容的最佳解决方案

容易程度： ★★
实用程度： ★★★★★
使用场景： Word、Excel、PowerPoint中检查文件兼容性

扫描观看视频教学

Word、Excel、PowerPoint都存在文件兼容性的问题，例如，你计算机上制作PPT用的是高版本的PowerPoint软件，但拿去演示用的计算机上可能是低版本的PowerPoint软件，这样就有可能出现文档打不开或者效果丢失的问题。其实，想兼容不同版本的文件，你可以这样做。

第1步 以 PPT 为例，在保存文件之前，单击"文件"→"信息"→"检查问题"→"检查兼容性"按钮。

第2步 此时，在弹出的"Microsoft PowerPoint兼容性检查器"对话框中查看文件是否存在兼容性问题。如果有，可以根据实际情况删除有问题的部分；如果没有，直接单击"确定"按钮即可。

Microsoft PowerPoint 兼容性检查器　　? ×

ⓘ 早期版本的 PowerPoint 不支持此演示文稿中的以下功能。如果以早期文件格式保存此演示文稿，则这些功能将会丢失或降级。

摘要

未发现兼容性问题。

☑ 保存为 PowerPoint 97-2003 格式时检查兼容性(H)。

确定(O)

知识点 92

文件预览：从多文件中快速找出需要的文件

容易程度：★★★★
实用程度：★★★★
使用场景：在文件夹中查看Office文件实现预览

扫描观看视频教学

　　一个文件夹中有多个Office文件，你每次找文件时都像大海捞针，经常打开一个发现不是你想要的，关闭重新再找。要是每个文件都有一个预览图，该多好啊！想让文件在文件夹中都有一个预览图，其实很简单，你可以这样做。

第1步 在文件夹中，选中任意一个需要预览的 Office 文件，例如一个 Word 文件。

第2步 按快捷键 Alt+P，此时，文件夹右侧会出现文件预览框，方便在不打开文件的情况下，实现快速预览文档内容的目的。

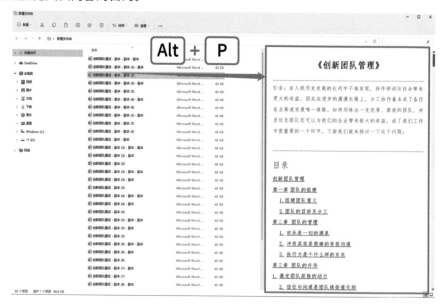

知识点 93

文件恢复：一遇到断电，全都白做了

容易程度：★★★
实用程度：★★★★★
使用场景：找到并恢复已经自动保存的Office文件

扫描观看视频教学

你有过这样的经历吗？辛辛苦苦做的文件，结果因为一些意外状况导致来不及保存就关闭了，如断电。于是你只能硬着头皮重做一次。对你这样"悲惨"的经历，我只能满怀同情地说一句："真可怜！"可谁叫你不经常保存文件呢？其实，还是有一招可以补救的。想找到之前计算机自动为你保存的文件，可以试试这样做。

第1步 以 PowerPoint 为例，执行"文件"→"选项"命令。

第2步 在弹出的"PowerPoint 选项"对话框中，选择"保存"选项卡，选中并复制"自动恢复文件位置"中的文件路径。

第3步 在操作系统地址栏中粘贴这个路径并打开。在打开的文件夹中，就会有之前软件自动保存的一些文件，这些文件都可以使用 PowerPoint 打开。你可以根据文件自动保存的时间，找到你之前未保存的文件。

专家提示

忠告：这个方法属于最后的补救方法，而且不保证效果完美。最好还是养成经常保存文件的好习惯，经常按快捷键 Ctrl+S 真的不费劲。

知识点 94

文件加密：让密码来保护你的文件

容易程度：★★★
实用程度：★★★★★
使用场景：为Office文件设置密码

扫描观看视频教学

　　你有一个重要文件，想给文件加把"锁"，那么我强烈建议你使用密码，安全性较高。想给Office文件加密码，可以试着这样做。

第1步 以 Word 为例，按 F12 键，进行"另存为"操作。

第2步 在弹出的"另存为"对话框中，单击"工具"按钮，在弹出的菜单中选择"常规选项"选项。

第3步 在弹出的"常规选项"对话框中，可以根据需要，设置"打开文件时的密码"或者"修改文件时的密码"。如果两处都设置了密码，则代表打开时需要输入打开密码，

修改时还需要再输入修改密码，安全性更高。单击"确定"按钮，再次输入密码进行确认即可。

　　以后，使用带有密码的Office文件时，就会需要密码验证，只有输入正确的密码后，才能正常使用Office文件。

★ 第十七篇 ★

Office通用功能篇

知识点 95

更换皮肤：个性化的Office界面设置

容易程度：★★★★★
实用程度：★★★★★
使用场景：为Office软件更换界面主题

这是一个个性张扬的时代，我们也越来越喜欢更加个性化的事物，在软件使用上同样如此。你是不是对于Office软件千篇一律的默认配色和主题皮肤感到视觉疲劳了呢？如果你想为你的Office软件换个"皮肤"，其实很简单，你可以这样做。

第1步 以 Word 为例，执行"文件"→"选项"命令。

第2步 在弹出的"Word 选项"对话框中，选中"常规"选项卡，找到"对 Microsoft Office 进行个性化设置"选项区域。

第3步 在"Office 背景"和"Office 主题"中设置一个你喜欢的效果。

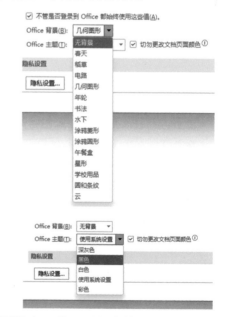

第4步 如果你不希望文档页面颜色也随主题颜色更换，选中"切勿更改文档页面颜色"复选框。

此时，你的Office软件都会统一显示设置后的个性化效果，例如黑色效果。怎么样，是不是个性十足？

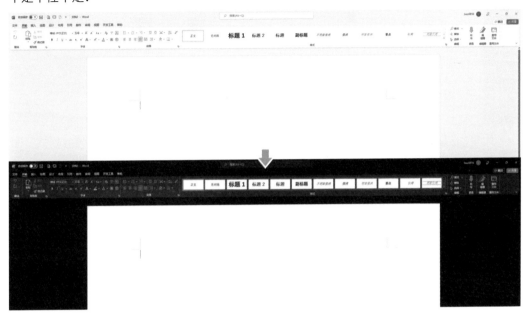

欢迎界面：你喜欢Office的欢迎页面吗

容易程度：★★★★
实用程度：★★★
使用场景：为你的Office软件设置欢迎页面

扫描观看视频教学

在启动Office软件时，无论是Word、Excel还是PowerPoint，都会进入欢迎页面。

　　如果你只想快速新建一个空白文档，但每次都要出现这个欢迎页面，想想就讨厌。其实，想Office软件直接进入空白文档，你可以这样设置。

第1步 以 Word 为例，在欢迎页面中，单击"选项"按钮。

第2步 在弹出的"Word 选项"对话框中，选中"常规"选项卡，找到"启动选项"选项区域，取消选中"此应用程序启动时显示开始屏幕"复选框，单击"确定"按钮。

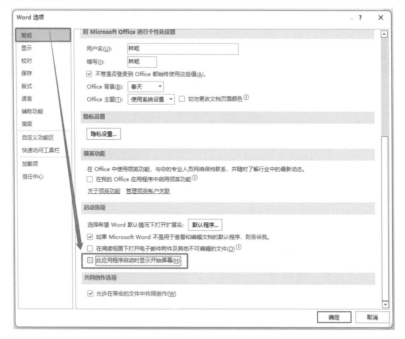

　　此后，再打开Word软件时，将不出现欢迎页面，而直接进入操作界面。

知识点 97

全文翻译：不用第三方软件一样快速翻译全文

容易程度：★★★★
实用程度：★★★
使用场景：全文翻译

扫描观看视频教学

你在编写文档或者制作PPT时，翻译中英文的时候有什么痛点吗？你需要使用第三方翻译软件，而且翻译的结果还不尽人意，甚至有的服务需要付费。其实，想准确快速翻译全文，可以这样做。

第1步 以 Word 为例，单击"审阅"→"翻译"→"翻译文档"按钮。

第2步 此时，Word 软件右侧会出现一个"翻译工具"窗口，可以将"源语言"设置为"自动检测"。"目标语言"有很多，例如可以

翻译成英语、日语、韩语、阿拉伯语、法语、西班牙语等，例如英语，单击"翻译"按钮即可。

这时，文字就会被较准确、快速地自动翻译成英语了。

知识点　98

键盘控制：用键盘操作功能区

容易程度：★★
实用程度：★★★★
使用场景：为Office软件实现键盘操作功能

你想过Office软件可以只用键盘来操作吗？答案是可以。只要你能用好Alt键（Mac OS操作系统是Option键），那么，想要不用鼠标只用键盘操作Office软件，可以这样操作。

以Excel为例，在Excel软件中，按一下Alt键。此时，Excel软件界面上会出现各种字母，代表命令可以通过按键直接执行字母对应的命令。

例如，按W键，就会进入"视图"选项卡。在该选项卡中，想实现取消选中"网格线"复选框操作，可以看到VG代表此操作，于是只需要再依次按V+G键，即可实现Excel不显示网格线的操作。

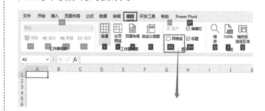

也就是说，我们可以通过按Alt+字母按键的方法，实现各种功能操作。但你可能会想，这感觉比用鼠标要复杂得多。其实不是让你用键盘实现所有的功能，而是用于自己最常用的几个功能，记住它们的"Alt+字母"，以后使用的时候，就直接使用键盘操作。别小看这个操作，它每次可以为你节约几秒，累计起来就可以帮你节省很多时间，真正实现高效办公，一定要试一试！

知识点 **99**

重复操作：用F4键重复上一步操作

容易程度：★★★★★
实用程度：★★★★★
使用场景： 在Word、Excel、PowerPoint中实现重复上一步操作

键盘上的F功能键都有神奇操作，例如F1键是弹出帮助、F12键是实现另存为操作。但要我说哪一个F功能键在Word、Excel、PowerPoint中最强大，那一定非F4键莫属——帮你实现重复上一步操作。你如果还没有用上，一定要试试，因为它很简单，却超级好用。

第1步 例如在 Word 中，我输入文字 abc，再按一下 F4 键，就会重复，自动再输入一遍 abc。

abc ➡ **F4** ➡ abc abc

第2步 例如在 PPT 中，我刚刚插入了一个圆形，再按一下 F4 键，就会重复，自动又插入一个圆形。

第3步 例如在 Excel 中，我插入了一行，再按一下 F4 键，就会重复，自动再插入一行。

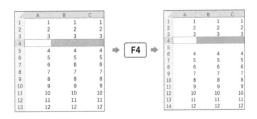

总之，需要重复操作，按一下F4键都能实现。

专家提示

有的笔记本计算机开启了功能按键，所以在使用F功能键时，需要按Fn键。例如，需要同时按Fn+F4键，来实现上述操作。

知识点 100

快捷按键：Office中最常用的快捷键

容易程度：★★★★★
实用程度：★★★★★
使用场景：使用快捷键执行命令

Office软件的快捷键很多，你不需要背下所有的，这里精选了4组快捷键，如果有3~5个快捷键能用上，一定都能帮你提高工作效率。

Office 通用功能	快捷键
复制	Ctrl + C
粘贴	Ctrl + V
撤销	Ctrl + Z
恢复	Ctrl + Y
剪切	Ctrl + X
全选	Ctrl + A
查找	Ctrl + F
替换	Ctrl + H
定位	Ctrl + G
选定不连续文字 / 表格	Ctrl + 鼠标
创建文档	Ctrl + N

续表

Office 通用功能	快捷键
打开文档	Ctrl + O
关闭文档	Ctrl + W
保存文档	Ctrl + S
加入超链接	Ctrl + K
打印当前文档	Ctrl + P
打印预览	Ctrl + F2

Word 功能	快捷键
单倍行距	Ctrl + 1
双倍行距	Ctrl + 2
加粗	Ctrl + B
斜体	Ctrl + i
内容居中	Ctrl + E
首行缩进	Ctrl + T
两端对齐	Ctrl + J
左对齐	Ctrl + L
右对齐	Ctrl + R
增大字号	Ctrl +]
减小字号	Ctrl + [
应用下画线	Ctrl + U
分页符	Ctrl + Enter

Excel 功能	快捷键
快速求和	Alt + =
程序切换	Alt + Tab
向下填充	Ctrl + D
向右填充	Ctrl + R
批量填充	Ctrl + Enter
创建表	Ctrl + L
打开"格式"对话框	Ctrl + 1
插入批注	Shift + F2
刷新并重算公式	F9
插入图表	F11
当前日期	Ctrl + ;
当前时间	Ctrl + Shift + ;
将多行数据合并为一行	Shift + &
插入数组公式	Ctrl + Shift + Enter
自动四舍五入去掉小数点	Ctrl + Shift + 1

PPT 功能	快捷键
组合	Ctrl + G
取消组合	Ctrl + Shift + W
快速复制对象	Ctrl + D
选择窗格	Alt + F10
显示参考线	Alt + F9
显示网格	Shift + F9
显示标尺	Shift + Alt + F9
复制对象	Ctrl + 鼠标左键
对称拉伸	Ctrl + 拉伸图形
中心拉伸	Ctrl + Shift + 拉伸图形
放映中指针改为笔	Ctrl + P
放映中指针改为橡皮	Ctrl + E
从第一张幻灯片播放	F5
从当前幻灯片播放	Shift + F5